為什麼九成的人都甘心埋單？
每天精研五分鐘，
翻身成為銷售大神

90% 客戶都點頭的 5分鐘上手 圈粉攻略

黃國華 著

寒流變現，鐵粉經濟
沒有不景氣，你只是欠缺激勵
首席講師教你
人脈變現X業績達標X客戶爆棚！

目錄

推薦序一

業務的葵花寶典，打通銷售的任督二脈

人生中最快樂的事，莫過於看到良師益友的成功！

國華老師要出書了，這十幾年來他的努力，是每個人有目共睹的！

首席講師多年精華彙集成書

十幾年前，同事們最喜歡上國華講師的課，不僅唱作俱佳、內容生動，還有許多驚為天人的表演！（才子）

十幾年後，國華老師成為國內知名的講師，許多壽險業務還是他的粉絲！國華老師每日堅持的閱讀習慣，使他的演講豐富精采，整場講座令人讚嘆不絕，掌聲不斷！他是我所上過的行銷課程中，堪稱最有內容與深度，國華老師可以將抽象的行銷概念，利用淺顯易懂的文字，整理成一本適合想要成功的人士閱讀的書籍。

行銷，是一門學問。如果有一本好書，有層次性、透過短篇故事的表達，各種銷售技巧的提點，匯集多位國際知名大師的理論，幫您打通銷售的任督二脈！

想要在職場上成為 Top Sales，就千萬不能錯過這本《90％客戶都點頭的5分鐘上手圈粉攻略》，是值得一讀再讀的好書！

不間斷學習，成為無可取代的 Top Sales

我在壽險業十九年了，只有「學習」一直沒有中斷過！我深深了解堅持讓我成長，學習讓我無可取代。努力不一定成功，但成功一定要有方法，《90％客戶都點頭的5分鐘上手圈粉攻略》讓你在成交的道路上水到渠成！

相信就會看見，看見就會實現！很高興能認識謙卑、實在、善良、學富五車、才德兼備的國華老師！

良師益友，深深祝福您！

國泰人壽行銷總監　**李淑君**

2017年國際 MDRT 年會講師、IFPA 年會講師

持續保鮮，精進自己展現優勢

十年磨一劍，昔日青澀的徒孫，現在也出書當作家了。回首過去壽險生涯超過四十二年的資歷，協助過諸多優秀的業務同仁取得佳績，其中在苗栗地區，由子弟兵張淑貞經理帶領的大展團隊更是出類拔萃，而國華講師過去也在該團隊中表現出色，算起來與我頗有淵源，一路成長茁壯，也十足替他高興。

學習新知，成自身優勢

「學習就是能力，轉變就是優勢。」、「市場在你的想法與作法之中。」一直是我多年來提倡的概念，特別是在日新月異的保險產業，從早期的抽煙喝酒話保險，到現在著重專業與服務的規劃保險；從紙本的簽約，到現在無紙化的線上投保，在在都驗證了世代的進步與改變，若無法順應趨勢，將難以彰顯優勢。

那如何可以更有「能力」，首要當然是樂於「學習」；這樣還不夠，學了必須思考如何用在自己的工作中，優化、調整之後的「轉變」，這才是「優勢」。雖然國華講師自行創業之後較為忙碌，但在臉書、LINE@上的文章分享，著實可以看到他自我精進的足跡。

方法對了，你就是銷售TOP 1

此次受託寫序，我仔細地看過書中「激勵（談動機）、表達（談理解）、銷售（談需求）、服務（談同理）、人脈（談連結）」五大單元之後，我也認同若要成為一位優秀的壽險顧問，的確是需要依照此順序精進內化這五個核心能力。

在壽險事業經營中，需要昨日的英雄來見證，更需要今日的好漢來厲行。若真的想要做好、做久、做輕鬆，那唯有從「想法精進、改變做起」，有了對的想法，當然才會有對的作法；方法對了，結果自然也容易正確。

《90％客戶都點頭的5分鐘上手圈粉攻略》，的確是一本有助於從事各銷售產業的朋友有效精進自己的好書，也盼望國華講師繼續精進自己，協助更多壽險行銷人員不斷超越巔峰，更預祝本書暢銷、大賣。

四十二年保險行銷資深顧問　**吳惠斌**

不再花冤枉錢，一本書讓你銷售力大跳級

回憶三十幾年前，我在建設公司的業務部門服務時，為了提升自己成為頂尖業務員，我經常自費參加業務技巧的研修課程。

吸收過來人的智慧精華，果然遠比自己慢慢的經驗摸索更有成效。這些課程幫助我在職涯的升遷之路更加順利。

系統性的架構，升遷之路更順利

由於學習所帶來的成果是豐碩的，晉升業務部門主管之後，我又繼續立下新願景：成為「培育卓越業務人才的訓練師」！

在新目標的驅動下，我加快腳步直接向許多領域的國際級大師，親自叩問他們的第一手智慧。

走在這條學習與進化的路上，國華老師近十年來一直跟我保持亦師亦友的關係，是讓我特別佩仰的新銳講師，因為他「德、才、學俱足」！

讓我更驚訝的是，他竟然願意將他自己多年來在各大公司，訓練出頂尖業務人才的教學法寶，以有系統的架構，分成五大單元、四十篇章毫不藏私的化為這本《90％客戶都點頭的5分鐘上手圈粉攻略》，對有志從事業務行銷工作者真是一大福音。

CP值超高，不再對客戶束手無策

承蒙國華老師之不棄，我有福氣的在第一時間就能鑑賞到他的大作。閱畢闔書讚嘆之餘，不禁從心中發出了深深感慨，心想：「CP值太高了！內容含金量，遠超過我學習過的課程相當五十萬元學費！如果本書是在三十年前就面市，我就可以節省好多、好多的時間與金錢呀！」

讀者們有福了！本書，可以加快提升您在職場說服力與業務力！

衷心推薦本書，值得您一讀再讀！

後學　**許永政**

只要五分鐘，幫你找到銷售之門

當我聽到國華老師說他要出書時，我心裡的第一個念頭就是：「終於！果然皇天不負苦心人！」因為現在這麼用心的老師真的很少見了，每天願意花時間把他所聽到、所看到的，串連成一篇篇小故事，在每一天的早晨分享給所有人。

五分鐘，客戶點頭的關鍵！

可不要小看這五分鐘，很多時候，也許是一句話，也許是一個想法，都可以變成是成功銷售的關鍵所在。因為，往往有時候缺少的就是那麼臨門一腳。

我常說成功沒有一定的方法，銷售也沒有什麼固定的模式，但絕對有跡可尋。而國華老師總是善於利用小故事讓我們從中學習到如何破冰、如何切入正題、如何擄獲客戶的心等等，他用淺顯易懂的文字讓我們開竅，讓我們可以馬上運用在業務上。

《90％客戶都點頭的5分鐘上手圈粉攻略》是每一位業務員必備的一本書，因為這是集合了這兩年來國華老師所分享的故事精華。在書中老師更從「激勵、表達、銷售、服務、人脈」等五大主軸做更細膩的分析解說，不得不說，真的是一卷在手，希望無窮！

業務王必懂的事，改變才有機會！

何謂銷售？何謂推銷？「推」就是開門走進去，「銷」就是開口說出來。看似簡單的道理，卻有很多人摸不著門把輕鬆地走進去。

銷售，不是只有一個點，而是點對點。有 change 才有 chance，想要成為超級業務？想要讓銷售更輕鬆容易嗎？業務王必懂的事，國華老師全都收錄在這本書了，我也相信透過這本書，一定可以帶領我們一起翻轉，一起升級。

最後我想說的是，我平常喜歡閱讀，但我很少看到這麼用心的內容，如此細膩豐富的一本書，真的值得收藏，子涵在此推薦給大家。

國泰人壽行業務經理　陳子涵

（國泰人壽月月創新超過 40P，連續一百一十八個月未間斷，傳奇般的創新達人。）

春風化雨，從專業分享及經驗傳承開始

「古之學者必有師。師者，所以傳道、受業、解惑也。人非生而知之者，孰能無惑？惑而不從師，其為惑也，終不解矣。」

今之業務行銷亦必擇師！師者，所以傳道、受業、解惑也。其道其理，千古不變！

不斷的蛻變和專業的堅持

認識國華老師是在一場短短兩小時的CFP®實務課程分享會後，即使時間很短暫，就只有簡單的交換名片、心得和敘述了他的願景，但他最後留下一句：「您要記得我！」當時就感受到一些震撼，這個人不一樣！似乎已經在傳達他的決心與職志，且必當實現。

幾年來，在網路上不斷收到他在各處所行銷專業課程分享的信息，且日益精進。更難得的是，從未間斷過！我們從事理財規劃及財富管理業務，經常需要接觸到銀行證券及保險業的從業人員，也經常聽到業務人員的困惑，尤其在行銷這條路上，充滿了顛簸和波折！「行銷」是一門非常專業的學問及技巧，相信許多機構也都為自己內部員工開闢了不少相關的教育訓練課程，我們也多接觸過，但能鞭辟入裡者，實為少見！

理論與實務兼具，「首席講師」非浪得虛名

銷售的過程包含確認動機、定位需求、明確表達、完善服務及市場再開發等等，多項環節完整串連。其中又須懂得行銷心理，再有效導入行為模式，這樣的理論與實務兼具、加以長期實務經驗及引用案例、透過故事及場景設計，將行銷議題（或問題）設計成能輕鬆學習、輕鬆教育，又能直切核心透析癥結點，為各種行銷問題提出解決方案者，國華老師是其中最出色的佼佼者！

行銷與管理通用，「一本多功」內涵精義耐人尋味

《90％客戶都點頭的5分鐘上手圈粉攻略》融合了多個理論印證，並應用在實務面，尤其在對壽險業的應用上，包括業務員的個人行銷、主管端的組織領導和管理常奉為圭臬的訓練課程（如SPIN），國華老師都已將它們化繁為簡，轉換成易懂易學易應用的篇篇案例及對話。不僅業務人員可輕鬆上手，經營階層的主管更可從中理出有效輔導和管理組織的問題和對策！

走過這麼長的業務路，今日欣見國華老師如此用心地將多年經歷及成果，彙編成這本圈粉攻略。這本著作不僅是一本為業務行銷撰寫傳道授業解惑的書，它也可作為教材、作為手冊，也是

參考書，更可作為診斷與解方！真心為目前正徬徨在業務路程上的眾多從業人員感到喜悅！

因著國華老師的付出，衷心推薦也祝禱您，「90％客戶都點頭」！

威瑞財富管理顧問（股）公司董事長 **陳慶榮**

人生，從跳脫舒適圈開始

Life begins at the end of your comfort zone.

「生命，從跳脫舒適圈開始」，這是我對本書作者黃國華先生的形容與印象。

大膽跳脫舒適圈，受到命運女神青睞

同在大型金控壽險公司，國華兄歷練了基層業務同仁、績優業務主管，後來進入教育訓練部門，又榮膺全國最佳人氣講師，同時也是「斜槓青年」的代表，經常主持公司內外的大型活動、攻讀EMBA學位、取得金融業頂級證照CFP®。後來自行創業成立工作室，巡迴全省各大保險業界作育英才、傳達其卓越的銷售理論與經驗。

本書作者的精采歷練，可作為每一位現代年輕人職業生涯的標竿。先站上一個大平台，貢獻己長廣結善緣、充實自我，進而自行創業、跳脫舒適圈，邁向自我實現之路。我數次邀請國華兄蒞臨單位指導，其人生經驗與銷售專業與實務，廣受業務同仁歡迎，也讓許多新鮮人更勇於挑戰業務工作。

國華兄是勇於挑戰艱困事物的人，身體力行雕琢自我，本次將其授課精髓集結成書，又再度為他大膽而冒險的成功人生跨越一大步。如同「君主論」的馬基維利所言，唯有冒險與堅持，才能夠得到命運女神的青睞。

守舊不能成功，創新才能創造歷史

在十多年前，沒有人想得到，某一位為了經營校內美女評選網站，入侵了該校電腦網路竊取學生照片，而面臨退學處分的哈佛大學生，幾年後成為全球影響力最大的上市企業之一Facebook創辦人。

而同樣在約莫十年前，沒人料到一位堅持發展無按鍵智能手機的偏執狂，最終幾乎讓手機取代了大部分人所使用的相機與電腦的功能，並讓蘋果電腦公司（Apple），成為全球最賺錢的公司。世界的未來永遠不是謹慎守舊與理性思考所創造的，證諸歷史，世界的轉變往往是達爾文式的突變種優勝劣敗的結果。而這乍現的靈光，需要聚焦才能生存，偏執方能成功。

《資本主義的罪惡咖啡館》作者　**黃世芳**

（歷任大型金控壽險公司大陸省分公司總經理、協理、經理）

五分鐘輕鬆學，最有系統的銷售攻略！

銷售是一門辛苦的工作，特別是銷售保險這種無形的商品更辛苦，因為被拒絕的機率更大！再加上業務單位訴求業績的壓力，若沒有業務基本功的新進人員，往往為了完成業務目標，總會投入較多的時間拜訪客戶，因此投入學習的時間相對較低。

用對方法，業績達標

雖說業務工作，拜訪量代表業績量，但僅透過行動體會的經驗，再用經驗指導行動，這樣不是最好的學習方式，以經驗來指導行動的業務員，雖然也可以產生業績，但容易產生三大缺點：

首先、用經驗指導行動的人，堅信經驗才是王道的信念，會禁錮他向上學習，長久下來會養成不再樂於學習的壞習慣。

第二、頓悟出來的智慧，可能是別人的基本功。封閉的眼界，會讓自己陷入低效工作的惡性循環。當你覺得可以舉一反三的時候，別人可能已經舉一反十了。

第三、業務工作真正辛苦的不是拜訪客戶，而是用錯方式來拜訪客戶，容易被拒絕，甚至被討厭，那才是最辛苦的。「有勇無謀」的拜訪，帶來的結果常常相當極端，要嘛承受不住挫折而離開，要嘛承受住挫折而留下；但這樣留下來的菁英往往自負，因為熬過痛苦的原因不是主管領導有方，而是自己的抗壓性。

五大精髓，客戶點頭的不敗法門

所以用經驗頓悟出來的智慧，這樣的學習方式所造成的負面結果，讓許多有志從事壽險事業的人，最終放棄了如此有意義的工作。

為了讓更多壽險業務員可以更輕鬆的學習，進而用對方式經營保險事業，兩年前，我開始用官方帳號「每天五分鐘，銷售變輕鬆」，每日分享一篇與業務員工作有關的文章。

連續兩年多來，每天五分鐘專業知識的分享，隨著時間的累積，現在已有超過一萬多名的業務員願意接受我的訊息；責任的驅使與品質的要求，我投入閱讀與學習的時間也變長，或許是這樣，文章的深度與實用性漸漸受到更多人的肯定。為了讓更多人更輕鬆、系統性的學習，才讓我興起了出書的念頭。由於過去二十多年的銷售經驗，加上十四年在保險公司的資歷，我將教學單元分為五大單元，分別是「激勵、表達、銷售、服務、人脈」，按學習順序推進。

「激勵」談動力：愈清楚動機，就愈有動力。故為什麼從業，這是首要；「表達」談理解：

知道怎麼說，顧客才容易聽懂並且接受；「銷售」談需求：洞察並明確顧客需求，才有成交；「服務」談感動：成交只是帶進客戶，服務好才會主動轉介客戶；「人脈」談連結：如何維繫與開發新顧客，做好連結非常必要。

五分鐘銷售攻略，一萬小時定律奇蹟

在從業講師的路上，感謝我的啟蒙恩師許永政老師，由於他的風範讓我願意以許老師為標竿，向「明師」的道路邁進；另一位是我的好夥伴一元老師，從原本的共學再到幫忙，甚至一同走這條有意義的道路，我慶幸有一元老師的同行。

最終要感謝的人，就是我媽，因為我媽是全世界最有眼光的人了，從小到大無論我反常、失敗，她都無怨無悔的支持我，所以我愛我媽、更感謝這個我最愛女人的支持。

是這份啟蒙與支持的力量，敦促我完成了此書，也期盼這超過「一萬小時」投入在行銷領域，所撰寫結合實務與理論的這本書，可以給想要提升自己的業績，或是在各行各業努力拚搏的朋友們，每天用《90％客戶都點頭的5分鐘上手圈粉攻略》，換取一個值得期待豐收的來日！

超進化業務工作坊首席講師

黃國華

本書編輯體例說明

一個運動員跑出第一名，不在於運動鞋的「機能」，而是運動員的「體能」；體能不佳，穿再好的運動鞋，也無法跑第一！

銷售工作，比的不是短跑，而是一場較量耐力的馬拉松。為什麼運動員拿冠軍？因為有優越的體能；為什麼你能一路長紅，也是因為你有卓越的產能。

要想持續擁有高績效產出，本書針對五個「核心產能」編輯成書，提供給有需求的人士依順序紮根，並持續優化。

PART 1 激勵產出動力。內部動機的推力＋外部目標的拉力＝強大的行動力。推力就是動機，拉力就是目標，愈清楚動機、愈渴望目標，愈有動力。

PART 2 表達產出理解。表達的主體是聽眾，不是講者；是在幫助顧客聽，不是你很想講。讓顧客想聽，你要懂得「架構」；不得不聽，你要懂得「步驟」。

PART 3 銷售產出需求。銷售的本質是「交換」，用價值交換客戶的價錢。洞察需求就是銷售的第一步，有需求，才能讓顧客願意付費交換商品，滿足需求。

PART 4 服務產出感動。滿意難以造就顧客忠誠，你必須「超越顧客期待」，做好感動人心的服務。銷售好能引進新客戶，服務好卻能帶來更多轉介紹客戶。

PART 5 人脈產出連結。高頻的與顧客互動，才能有效與顧客連結。有感的連結是你必須做到「懂得打造好印象、給予有感的幫助、深層的價值交換」。

五個核心產能具備後，即可組建團隊，再學「複製、整合、創新」讓產出再升級。

Part

01

強激勵——思維翻轉，步步為贏，讓自己神出眾

「自信」是解決問題的「根本」，想贏，就拚盡全力去贏！

翻轉思維，讓自己神出眾，就能步步為贏，複製成功的經驗，你就是傳奇！

翻轉 01

強大的自信心，成功的墊腳石

若一個人對某件事情沒有自信的話，之後要進行這件事時，就會裹足不前；反之，若對自己有百分之百的相信，那行動力也會趨近百分之百的，正向的信念有極大的力量，常常化不可能為可能，所以只要心中對自己充滿自信，基本上就是為成功奠定了最重要的基石。

經理：「正恩，十一點多了，你怎麼還沒去拜訪客戶？」

正恩：「我還在整理資料……。」

經理：「今天拜訪了幾個客戶？」

正恩：「三個。」

經理：「三個？這樣的拜訪量太少了！怎麼不多增加拜訪量呢？」

正恩：「其他客戶都說沒空。」

請問，若你是經理，你會怎麼跟他說呢？

堅持不放棄，客戶訂單手到擒來

你可能會說：「當然叫他多拜訪客戶呀！最好要有五到六個客戶，才會有好的業績。」沒錯，難道正恩不知道拜訪量與業績成正比嗎？他肯定知道，那為什麼知道，卻又不積極呢？主要的原因很可能是他害怕被拒絕。

試想一下，若一早你跟正恩說：「有十個客戶，我都已經溝通好了，都願意買，你只要去跟他們簽約收款就可以，而且業績，都算你的。」你覺得正恩會幾點出門呢？他肯定很想快點出門，甚至拜訪到深夜十二點都不覺得累！

之所以拜訪量低，關鍵就是「害怕被拒絕」，客戶的拒絕打擊了正恩的自信心，而低自信就影響了他的行動力。也就是說，若一個人對某件事情沒有自信的話，那之後的行動力，肯定是裹足不前的；反之，若對自己有百分之百的信心，那行動力也會趨近百分之百。

> 自信心，是行動力的來源，如果缺乏自信，則裹足不前；反之，行動力則百分百！

舉個例子，如果經理特別跟正恩說：「這十個客戶都是我的高資產客戶，他們有個怪僻，就是很會考驗新人，當年這十個客戶都曾經拒絕我超過十次，最後才跟我簽約，所以，若他們拒絕你的時候，不要覺得奇怪，堅持十次不放棄，他們就會跟你簽約了，但你要記得，不要讓他們知道堅持十次這件事。放心，我都跟他們談好了。」

正恩心想「太棒了！只要我堅持不放棄，被拒絕十次之後，人家就會跟我簽約，好！這太簡單了。」

下午他先拜訪一位陳董。

正恩：「陳董，您正需要這份失能險的規劃。」

陳董心想，一來就跟我推銷保險，真是白目，立刻說：「保險我都買了，不需要。」

正恩心理竊笑：「果然沒錯！陳董正在考驗我，這是第一次拒絕，離成交還有九次，我要繼續加油！」

正恩：「陳董，您保險觀念真好，但買了這份保險之後，您的規劃才算是完整。」

陳董：「跟你說了我不需要，你聽不懂是嗎？」

正恩心想：「真的跟經理說的一樣，他會一直拒絕，好！那我更要堅持到底，還有八次！」

正恩：「陳董，您之所以不需要，是買過的就不需要，沒買過的就有需要，而且您之前都買了這麼多，獨缺這一份是不完整的，所以我非常建議您一定要規劃這份保單。」

陳董嗓門拉高說：「我說不需要就是不需要，你這個人怎麼這麼煩呀！」

正恩心想：「原來十次的過程就像唐僧取經一樣，需要歷經八十一難，跟唐僧相比，眼前這只是小意思，我要繼續堅持。」

正恩：「陳董，我是壽險顧問，建議您需要的保險，讓您無後顧之憂，可以繼續為公司、家人專心奮鬥是我的義務，所以您必須規劃這份保險。」

陳董這時冷靜下來說：「到目前為止，沒有一個賣保險的人，敢一進來就跟我談保險，而且被我罵了之後，還能繼續講的只有你一個，你真厲害！你這樣的敬業精神，也確實值得我學習，不用說了，我家裡誰沒有買，每個人都買一張。另外，你下個月我要你還幫我單位的業務員上一個課，教他們怎麼像你一樣被罵還能堅持賣商品。」

正恩出了門之後，心想：「經理根本就是騙人，什麼要堅持十次，我堅持三次就成交了，原來簽約只要堅持就行了。」你覺得正恩抱持著不被拒絕十次之前，都不算是失敗的信念在拜訪客戶，你說他會成功嗎？

為什麼這樣的信念會成功？原因很簡單，這只是正恩單純的相信「堅持被拒絕十次顧客一定會簽約」這樣的正向信念而已，況且就我的經驗，顧客很少會拒絕十次的，通常是業務員先放棄了！這種正向信念是非常有力量的，常常化不可能為可能。

> 堅持十次的過程，就像唐僧取經一樣，需要經過艱苦的磨難，而這個磨難就像登上彩虹的雲梯，熬過了才能碰觸彩虹。
>
> 所以正向信念的力量，會讓你擁有無限的可能，不斷地重複想要達成的目標，將它變成是一種信念，終將成功。

自信缺乏，能力無法發揮

我再舉個例子，你知道蜜蜂的種類中，體型最大的是什麼蜂嗎？答案是大黃蜂。大黃蜂的翅膀很小，身體很大，按照這樣的比例，以「流體力學」來看，應該是飛不起來的，但為什麼牠依然可以飛呢？或許只是大黃蜂不知道自己飛不起來吧！簡單的說，可能就像正恩一樣，大黃蜂單純相信「我可以飛行，而且可以飛得很好」。

所以只要心中百分百對自己充滿自信，基本上就是為成功奠定了最重要的基石。那到底什麼原因，導致一個人缺乏自信心呢？

其原因有四點：

一、**沒有經驗與專業能力**

現在若請你上台對一群大學生說一堂微積分的課，你敢上台去講嗎？你不敢對嗎？因為你會想：「我大學最差的就是數學，難道叫我去教怎麼把數學考爛嗎？」

二、**過去失敗經驗的影響**

求學時期，學業幾乎都敬陪末座，這陰影讓我之後考國際認證高級理財規劃顧問（CFP®）的時候真是吃盡苦頭，數度想要放棄，因為一旦感覺考試很困難時，就會讓我想起以前讀書時候，灰暗的求學過程嚴重影響我的自信。

三、**注意力錯誤的掌握**

孩子拿考試成績給你看，一看九十八分，你說：「另外那兩分呢？」然後又批評：「怎麼這麼不用心……。」從小我們常被教育成「多看缺點，少看優點」而不自知，讓我們長大的過程中，習慣看失敗的一面，遇到機會的時候，總是看「機會背後的問題，而不看問題背後的機會。」因此習慣把焦點聚焦在失敗時的恐慌，當然就導致自信心低下。

四、**限制性信念的影響**

例如，老是用「從因來看果」的思維模式，總是想著「因為我口才不好，所以業績不好；因為低學歷，所以我只能低收入。」」錯誤的信念，會導致自信心低落，進而影響到能力的發揮。

❞一般人的成長過程中，習慣在歷經失敗後就裹足不前；當機會來臨時，是因為我們經歷失敗而猶豫不決，不敢勇敢地踏出舒適圈。無懼失敗讓我們不再看見機會背後的問題，而是看見問題背後的機會。❞

「限制性信念」是我們潛意識中的防衛機制之一，它能讓我們不需要透過思考，反射性地避開在生活中「可能」會發生的危險。這種機制有好有壞，它可以讓我們預先迴避掉危險的事情發生，但也可能不知不覺地限制我們開拓新的視野，成為未來成功道路上的枷鎖。

簡而言之，「信念」若是在錯誤的情況下產生，就會成為日後阻擋成功的枷鎖，這就是「限制性信念」。

破局變現 業務王 必懂的事

當一個人知道高拜訪量與業績會成正比時，他的行動力卻很消極，關鍵就是對自己沒有信心，害怕被客戶拒絕；反之，若能夠對自己有足夠的自信，就能夠帶來強大的行動力。

缺乏自信心的原因有四：沒有經驗與專業、過去有過失敗經驗、注意力錯誤的掌握、限制性信念的影響。正向的信念可以成為成功的基石；錯誤的信念則會成為你邁向成功路上的絆腳石。

用盡洪荒之力，你就會贏！

《刻意練習》一書說，要培養出一個天才型的學員，需要三個關鍵：「好老師、好方法、有目的性的練習。」然而，「自信」才是解決問題的「根本」。若是心態上已經失敗了，行動只是用來證明失敗而已。

某次參加兒子的運動會，緊接著登場比賽的是「拔河」，我向前觀賽。開賽前，我聽到A班對手的班導師揹著擴音器，帶著該班的同學，先來個士氣口號，同學看著大字報，士氣如虹的把口號喊完，果然振奮人心；接著輪到B班，導師用喉嚨大喊著：「盡力就好，我們不會輸……」

想贏，就使盡全力去贏！

你猜，第一場的結果，B班是贏還是輸？你猜對了，輸了！接下來交換場地，我跟B班同學說：「姿勢蹲低，全力往後拉！」其中一個說：「我們不可能贏的啦！」我說：「不會，你們會贏的！」

接著B班導師走到該班旁邊說：「我們不會贏沒關係，待會比完之後，大家跳起來喊『耶！』讓大家以為我們贏了！」接著，這個跟我對話的同學轉過來對我說：「你看！我們老師都說不會贏了！」我在一旁聽到之後，心想「難怪會輸。」心態上就已經失敗了，行動只是用來證明失敗而已。

難怪《刻意練習》【註1】一書說，要培養出一個天才型的學員，需要三個關鍵：「一、好老師；二、好方法；三、有目的性的練習。」好的老師之所以稱做「好」，是因為看待問題的觀點、角度不同；好老師看根本，一般老師看表面。不過本篇激勵篇，要與你分享的不是如何刻意練習，而是如何有效提高自信，因為「自信」就是解決問題的「根本」。

【註1】

《刻意練習》一書原名為Peak: Secrets from the New Science of Expertise，作者為安德斯・艾瑞克森（Anders Ericsson）是佛羅里達州立大學心理學教授，因提出「一萬小時法則」而廣為人知，但他補充說，光有練習的「量」仍不夠，必須兼具練習的「質」，「刻意練習」才是成功致勝的關鍵。本書另名共同作者羅伯特・普爾（Robert Pool）擁有萊斯大學數學博士學位，是名科學作家。

什麼是自信？「廣義來說，自信本身就是一種積極性，就是在自我評價上的積極態度。」自信就像一艘航空母艦上的核動力，沒有核動力，航母只是空殼；人也一樣，缺乏了自信、缺乏了自我肯定，就算行為再積極，都是虛假、空洞。

> 自信就像一艘航空母艦上的核動力，沒有核動力，航母只是空殼；人也一樣，缺乏了自信、缺乏了自我肯定，就算行為再積極，都是虛假、空洞。

「為什麼業務員知道拜訪量與業績量成正比，但是拜訪量依然低下？」主要原因很可能是業務員「害怕被拒絕」，而害怕的主因就是「缺乏自信」，不相信自己可以被顧客接受、不相信自己可以解決客戶問題，就像上面拔河的案例，一開始就不相信會贏，那動力自然有限。

兩份鮪魚三明治，竟換來雙倍成就

你或許會說：「我天生條件不好，要怎麼對自己有信心呀？」自信心真的是與生俱來的嗎？我先來帶你看一個總裁的故事。

威爾許一直到讀大學時，每次到餐廳買鮪魚三明治，都會收到兩份餐點，因為他從小就口吃，每次點餐時，都會把「tuna sandwich」（鮪魚三明治）講成「tu-tuna sandwiches」，讓服務生聽成「two tuna sandwiches」（兩份鮪魚三明治）。

甚至後來當上了公司總裁，這個毛病依舊困擾著他。他說：「表面上，我看起來相當自信，然而心裡有很深的不安全感；在群眾面前，我必須跟自己的語言障礙搏鬥。」威爾許用來跟自己缺陷搏鬥的武器，正是母親從小灌注給他的自信心。

媽媽說：「那是因為你太聰明了，舌頭跟不上你大腦思考的速度。」

甚至直到幾十年之後，威爾許在翻看童年照片時，才發現自己雖然在球隊中總是最矮、最嬌小的一個，卻未曾因此而自卑。「母親給予的禮物中，最珍貴的一件，或許就是自信心，讓我相信自己可以成就任何事情。」

> 媽媽說：「那是因為你太聰明了，舌頭跟不上你大腦思考的速度。」
> 睿智的母親懂得將孩子的缺點，轉化為激勵孩子自信的特點。

威爾許親身經歷說明了自信不必是天生的，人們可以透過自己或旁人的給予，增強自信心。

一旦有了自信，不但可以克服自卑心理，甚至還能產生挑戰一切的勇氣、扛起更大的風險，達到超乎想像的成就。

這位總裁，就是被《財星》（Fortune）雜誌譽為「二十世紀最佳經理人」的奇異公司（GE）前執行長——傑克．威爾許（Jack Welch）【註2】，一九六〇年從基層工程師做起，三十二歲爬上大位，成為公司最年輕的總經理；一九八一年接任總裁和執行長，在位二十年間，帶領奇異公司熬過一九八〇年代的經濟不景氣，成功從製造業轉向服務業，公司市值更從一百三十九億美元飆升到四千九百多億美元，足足成長三十五倍。

複製成功經驗，你就是傳奇！

這個傳奇的總裁故事，是不是告訴我們，自信並非天生的，是可以透過後天訓練來的。那怎麼練呢？

【註2】
傑克．威爾許（Jack Welch）有著二十世紀最偉大的經理人之美譽，身為奇異公司（GE, General Electric）前執行長，期間將該公司營業額提升到一千四百多億美金，因而被稱為「中子彈傑克」（Neutron Jack），成為一個全球性的傳奇人物。

運動心理學博士伊萬・約瑟（Ivan Joseph）提供了四個方法，本篇精選兩方法與你分享：

一、反覆練習，堅持到底

當我知道，簡報力就是影響力、更是銷售力的時候，我就決心成為一個優秀的講者，但是還沒上台之前，看到這麼多人，心中盡是害怕、全身發抖，該怎麼辦？

為了避免這種狀況，我不斷地尋找方法克服，最終發現最有效的方法，真的就是「反覆練習，堅持到底。」若是沒自信，肯定是練習不夠，無論什麼事，只要夠純熟，自信就會油然而生。

二、記得自己的優點，對自己信心喊話

一九八八年漢城奧運，美國選手格雷格・洛加尼斯（Gregory Efthimios Louganis）【註3】在跳水項目，關鍵性的一跳，因為失誤撞到跳水板，血染泳池，痛失冠軍。康復後，苦練了四年，一九九二年巴塞隆納奧運，再次代表美國隊挑戰跳水項目，最後他以些微的差距擊敗對手，奪下金牌。記者訪問他：「四年前的落敗，有沒有打擊你的信心呢？」

【註3】
格雷格・洛加尼斯（Gregory Efthimios Louganis）：美國跳水運動員，曾奪得奧運會連兩屆跳水冠軍，並榮獲美國奧林匹克運動委員會的傑出運動員勳章。

他說：「那次受傷康復之後，教練給我一捲錄影帶，請我回去看我撞傷的地方，避免下次再撞到，各位猜猜看，那捲錄影帶，我看過幾次呢？」

記者說：「很多次吧！」

洛加尼斯說：「我一次都沒有看！」記者很驚訝！他接著說：「我從小就練習跳水，至少成功上千次，為什麼要去看失敗的那一次呢？」

想要成功，就要有自信，請拿出心中的放大鏡，百分百的放大自己的優點，放大自己過去成功的經驗，當你將心中焦點聚焦在成功、輝煌的畫面，潛意識也會被你引導，更真實的達到希望的結果。

破局變現業務王必懂的事

廣義來說，自信本身就是一種積極性，是一種自我評價上的積極態度。自信心，就像一艘航空母艦的核動力，沒有自信心，行為再積極都是虛假。

儘管自信並非天生賦予而來，卻可以透過後天的練習，鍛鍊出來。其中的兩種方法是：一、反覆練習，堅持到底；二、記得自己的優點，對自己信心喊話。現在請想像一下，你正置身在成功的畫面中，盡展自信神采，你也可以是傳奇！

翻轉 03

這三點，是你成為高收入的關鍵

什麼是自律人？懂得用壓力來逼迫、用道德來約束、用獎勵來激勵自己的人，稱其為「自律人」。而所有頂尖的成功者，幾乎都具備這三個特點。

川卜：「我跟你說，來我們這裡超棒的，經理人超好，我們跟他像朋友一樣。」

普金：「他不會管你們業績嗎？」

川卜：「會呀！只是用關心的，不會用罵的，還有，我們都直接叫他的名字，他也不會怎樣。」

普金：「那你做得好嗎？」

川卜：「不好，不過很自由，我才做一年，業績怎麼跟那些高手比呀！」

普金：「你知道我業績好嗎？」

川卜：「你不是也才做半年多，應該跟我差不多吧？」

普金：「我平均每個月都領超過十萬。」

壓力，來自高標準的自我要求

你可能會說普金應該還在蜜月期，剛開始經營，自己的親戚朋友都會給予支持，過了蜜月期才是考驗的開始。真是這樣嗎？他都是經營親友的業績嗎？還是他是個自我管理嚴明的「自律人」？

根據我的觀察，所有頂尖的成功者，幾乎都具備這三個特點。若你也認同的話，本篇就跟你分享如何將這三點充分發揮，一起成為高收入的「自律人」。

為了達到更高、更完美的標準，甚至冒著將自己逼瘋的方式來要求自己。

喜劇泰斗喬治卡林（George Carlin）【註 1】曾在彩排的時候嚴厲地苛責自己，因為沒有掌握好笑點的時機，即使就差了幾秒而已。

法國麵包大賽的冠軍得主，陳耀訓也是高標準的堅持者。可頌是屬於高果油類產品，奶油含量比較高，他堅持在四度C冷藏庫裡面製作，他說：「這樣可以確保可頌的層次，奶油層就不會受到室溫影響而融化。」

讀書也是一樣的道理，再忙，都不忘記「閱讀」。你知道世界首富比爾蓋茲一年讀多少書嗎？他一年讀五十本書。每年年底，蓋茲都會在自己的部落格 GatesNotes 發表他推薦的書單。

高手常常都是用這樣的高標準在逼迫自己成長，你說：「這樣會不會瘋掉呀？」放心，這樣不會把自己逼瘋，但會把對手給逼死，讓競爭對手放棄與你競爭。

道德約束，成為值得敬佩的高手

你服務了一位企業老闆一年多，最近終於有了重大的進展，他聽了稅務講座之後決定購買千萬保單，但之後你發現以他們家目前的狀況，這樣的規劃並不適合，但若成交，那明年海外旅遊競賽幾乎就上了，你很掙扎，怎麼辦？

曾經有一則故事令我特別印象深刻，德國作家沙米索【註2】的小說《出賣影子的人》有一個這樣的故事：一個叫彼得．史勒米爾的人，看見魔鬼的手中有一個如聚寶盆一般，取之不盡的金

【註1】
喬治．卡林（George Denis Patrick Carlin，1937-2008）：為美國獨角喜劇的表演者，風格以黑色幽默，諷刺美國政治、社會現象、不忌諱諸多禁忌而聞名。被認為是最有影響力的喜劇演員之一，曾有報紙稱他為「反主流文化的喜劇泰斗」。

幣袋子，讓彼得起了貪念，希望可以得到它。

魔鬼提出需要用他的影子作為交換條件，彼得猶豫了一下，認為影子沒有什麼功用，少了個影子應該沒什麼大不了的，於是，彼得出賣了自己的影子，並且獲得了財富，從而變成了家財萬貫的彼得伯爵。

然而，讓他始料未及的是，因為沒有了影子，他到手的愛情，變成了全城最大的醜事，他所愛之人一下子從世界上最幸福的人，變成了世界上最不幸的人，周圍的人都害怕、躲避著他。彼得陷入了絕望痛苦的深淵，不論是白天或黑夜都不敢出門。直到一年後，身心俱疲的彼得選擇不和魔鬼做任何交易，並扔掉了金幣袋子，重新做人，才找回了自己的影子，從而獲得了陽光與自由。

這故事正提醒了我們，經不起不當財富的誘惑所付出的代價，通常令人追悔莫及。回到企業老闆的案例，真正值得敬佩的高手不是只有懂成交，更懂得不能成交。

【註 2】

阿德貝爾・封・沙米索（Adelbert von Chamisso, 1781-1838）：德國作家以及植物學家，十五歲因法國大革命逃往德國後，一八〇三年開始用德語寫作，成為柏林浪漫派晚期重要的作家之一，因《失去影子的人：彼得・施雷米爾的奇幻故事》而聞名。

”
壓力源自於內心的求好，而不是外在的逼迫。
誘惑考驗的不是專業，而是從業的道德底線。
獎勵不只是激勵行動力，更是完成目標的最好證明。
”

獎勵，完成目標的證明

當然，都這麼嚴格要求自己了，肯定要給自己適當的獎勵。為自己設定階段目標，完成後享受自己給予的獎勵，不但可以犒賞自己的辛勞，還能不斷的自我獎勵，為了得到獎勵，將激發更多的行動力。

以我為例，每週用一整天寫完五篇要分享的專業文章後，晚上我都會選一部好電影，好好的讓自己大腦放空休息，享受電影帶給我的視聽娛樂；每年一到兩次出國去放鬆，好好的享受、好好玩，回國之後再全力以赴的面對工作。

破局變現
業務王
必懂的事

法國作家蒙田【註3】曾說過：「真正的自由，是在所有時候都能控制自己。」

這段話就是在講自律，但除了自我控制之外，懂得「用壓力來逼迫、用道德來約束、用獎勵來激勵」的人，那才是能夠有不斷高產值的「自律人」，也是值得敬佩的高手。

【註3】米歇爾・德・蒙田（Michel de Montaigne, 1533-1592）：法國文藝復興時期最重要的人文主義作家。蒙田曾用二十年，完成留名後世的《隨筆集》（Essais），紀錄自己對歷史人文、人生、生活的思考，在西方文學史上占有重大地位。

翻轉 04

奪回選擇權，積極是成功關鍵

如果我們培養了足夠的好習慣，這些習慣就像是手機裡的APP，會幫你自動執行，並且達到最佳結果。但你以為的好習慣就真的好嗎？這可不盡然。若想效法全球的頂尖高手，他們都奉行的習慣，就不得不提到「高效能人士的七個習慣」了。

普金：「今年是我的第五年，連續五年入圍高峰，今年也僥倖入選MDRT真的很開心……。」看著台上普金的分享，川卜內心激動不已，在心中默默告訴自己：「我一定要更努力，我一定要超越普金。」於是每天不到十點不回家，甚至假日到公司加班，果然這樣持續一年之後，川卜就……變胖了；業績沒變好，體力卻變得更差。

與成功有約，培養七個好習慣

為什麼會這樣呢？仔細想想，川卜到底是努力地拜訪客戶？還是努力陪客戶吃飯應酬？在壽險業服務，與顧客吃飯談保險，實在再平常不過了，姑且相信川卜是真的很努力工作，但想要一次性投入大量時間，來超越優秀的普金，那川卜可能低估了高手持續優秀的主要原因。後來川卜被分配與普金一起合作，桀驁不馴的川卜，這才請教了普金，「你是怎麼保持這麼優秀的？」

普金說：「喔！我只是奉行高效能人士的七個習慣而已。」培養了足夠多的好習慣，好習慣就像手機裡的 APP，會幫你自動執行，並且達到最佳結果。若有些好習慣，你認為是好，但看在行家的眼裡是好嗎？那就不一定了。所以若能效法全球的頂尖高手，他們都奉行什麼最高效的習慣的話，這就不得不提到「高效能人士的七個習慣」。

什麼是高效能人士的七個習慣？普金口中的這七個習慣依序是「主動積極、以終為始、要事第一、雙贏思維、知彼解己、統合綜效、不斷更新。」前三個談個人，後三個談合作，最後一個是透過「不斷更新」來把前六個習慣優化。這七個習慣是由被喻為對美國最具影響力的二十五人之一的史蒂芬．柯維【註】所提出。

【註】

史蒂芬．理查茲．柯維（Stephen Richards Covey）：美國著名的管理學大師，著有《與成功有約》（The Seven Habits of Highly Effective People）及其他暢銷書籍。提出七個習慣可以廣泛應用到個人生活、社會生活以及職業生活的實用理論。

主動積極，命運由我來掌控

我先給你看個故事：

碩士班的時候，某天上課，覺得今天的老師好眼熟，轉頭看到歡迎海報，這不是前法務部長施茂林先生嗎？旁邊海報上還寫著「大師開講」。大師？好，我就好好驗師（檢驗講師）一下，看是否真的是大師。果然，大師就是大師，真的很精彩，而且部長很有專業講師的素養，講到某單元，還會段落式提問，但部長第一次提問的時候，我一時真的不知道要問什麼，但我知道機會來了，什麼機會？讓部長認識我的機會來了。我想「若全班都沒有人發問，那我發問，他肯定對我印象深刻。」

接著，我很認真地等，等他第二次提問，果然讓我等到了，他又問說：「這裡同學有問題嗎？」我立刻見機不可失，立刻舉手發問：「老師，剛剛你說的那個司機，後來有被判刑嗎？」部長回答問題後，我非常開心，但這樣還不夠，我必須加深他對我的印象——我要跟他換名片。

一下課我就想過去跟部長交換名片，等待部長與副校長談完後，立刻衝到外面找部長，卻沒有部長的身影，我心裡想真沒緣份，很失望準備回教室拿包包。一轉頭，忽然部長從一個教室冒出來，我立刻大喊：「部長！先別走！」快步衝到部長面前，我說：「部長！您今天講課講得真棒！」部長客氣的說：「沒有沒有！」，我問：「部長，可以跟您換名片嗎？」，他身上剛好就剩下一張名片，這根本就是注定要給我的啊！

換完名片，我想他對我印象深刻了，對嗎？但這還不夠，接著我說：「部長，我可以跟你合照嗎？」他說：「好！」轉頭就往反方向走，望著他的背影，我想他是不是趕著回家在敷衍我呀？沒想到他轉過頭對我說：「來這裡啦，這裡拍照比較好！」原來是在找個亮一點的地方喔，我也隨手在路邊拉了一個學弟，拜託他幫我們拍照，拍完對我又加深印象了對嗎？但還不夠，我決定寫張感謝函，加照片寄給他。

其實這樣還不夠，我甚至將與部長認識的過程，寫成一篇文章，主題叫「部長，你別走！」再寄給他，你猜他有收到嗎？對！有的！他不但有收到，他還將這篇文章刊登在「中華法律風險管理協會」的網站上，你覺得這樣部長是否對我印象又更加深了呢？故事結束。在這個故事中，若你覺得我所有的行動，會讓部長對我印象深刻的話，那是什麼原因呢？我想你一定知道，這就是史蒂芬提出的高效能人士七習慣的第一個習慣，也就是「主動積極」所導致的結果。

> 自己的命運，由自己主宰，絕不受控於外在環境支配，甚至妥協於命運的安排，這就是史蒂芬提出的最重要的習慣——積極主動。

正面積極，擴大影響圈

具體怎麼做呢？我就柯維的觀點加以整理成兩個重點與你分享。

一、選擇說積極、正面的話；不說消極、負面的話

縱然你不說話，但你的心裡時常在自我對話。當你遇到問題的時候，若說出消極負面的話，基本上就是「環境決定論者」。心態會決定動態，一個不起眼的起心動念，都可能被你養成習慣。所謂的積極主動就是從環境決定論手中奪回「選擇權」；問題就算再難，也要相信自己可以做出正向的改變，哪怕只改變一點點，都是主動積極的表現。

你手裡隨時都握著選擇權，你有權選擇正面的自我對話。例如遇到業績不好，不要說：「都是客戶太龜毛」，你應該說：「原來是我的專業不夠」；遇到難纏的客戶，不要說：「今天遇到奧客了」，你應該說：「今天遇到老師了。」這就是第一步。

> 你手裡隨時都握著選擇權，你有權選擇正面的自我對話，相信自己能夠做出正向的改變，哪怕只有一點點，這都是你主動踏出的第一步。把精力放在你可以影響、控制的影響圈上，提高你的影響力。

二、減小關注圈，擴大影響圈

你會關心身邊發生的大小事，這是「關注圈」。但關注圈中有些事情，是你無法影響的，例如防洪治水。但在你關注的這些大小事中，你可以找出能夠控制與影響的事，就是影響圈。

所謂的積極主動，就是請你把精力，盡可能的放在這些影響圈上。例如，我不能掌控天氣，但我可以自帶雨具、衣物；我不能改變商品價格，但我可以提高我的附加價值；我不能改變主管的想法，但我可以學會向上管理，這些都是積極主動的具體表現。

破局變現 業務王 必懂的事

保險銷售，有別於一般銷售，受到挫折、被拒絕的機率更高。因此要能承受拒絕帶來的打擊，首先你必須培養「主動積極」的習慣。

主動積極就是一種命運自主、積極開創、境隨心轉的好習慣，具體做好下列兩點：選擇說積極、正面的話；減小關注圈，擴大影響圈，便不會受到外在環境的影響，妥協於命運的安排。

翻轉 05

為什麼他的收入是我的兩倍？

台上講者講得的很激動，底下觀眾一動也不動！外來的和尚唸的經，通常會比較好聽，主要是因為新鮮感，另外一個更重要的原因是，人家的「經」是經過設計的。

經理：「川卜，最近三個月，你在學校經營老師客戶，業績表現不錯，下個月分享一下你怎麼做的。」

川卜：「好呀！」熱心的川卜收到指令後，很期待想把作法跟大家分享。

利用假日的晚上，提早將想要說的事情打字貼在投影片上，再上網抓了應景的圖片放進去，之後幾天忙著業績，投影片幾乎沒有進度，直到最後一天，總算熬夜完成了。

講者激動，觀眾不為所動

隔天早會時，「川卜在學校的經營，績效相當不錯，今天特別請他來跟大家分享。大家要好好聽，看看川卜是怎麼經營的。」經理將舞台讓給了川卜。

川卜在台上說得眉飛色舞，底下的同仁卻都在低頭滑手機，吸引不到觀眾注意力的川卜愈講愈沒勁，快速講了二十分鐘後便下台，心裡很是挫折：「下次再也不要這麼累得準備專題了，反正講得再多，他們也不想學。」你是否也有這樣的經驗呢？

台上講者講得的很激動，底下觀眾一動也不動！妳說：「這就是台語所說的『近廟欺神』【註1】啦！總是外來的和尚會念經，自己說得再好，都不珍惜。」真的是這樣嗎？沒錯！外來的和尚唸的經，通常會比較好聽，主要是因為新鮮感，另外一個更重要的原因是，人家的「經」是經過設計的。

反觀川卜的投影片，他想到什麼就做什麼，沒有藍圖、結構的設計，若用在蓋大樓的話，你覺得會穩固嗎？大樓的建造，首先是要讓大樓穩固、再來消防安全、美觀設計，分享的目的，不僅要讓聽眾聽懂，還要願意聽、學得會。

川卜因為要分享，所以才設計簡報，這樣是從因來看果，分享反而變成了目的。可是專題的

【註1】

近廟欺神：為台灣傳統的本土俗語。意即住在廟宇附近的民眾因為對廟太過熟悉，而對廟內神明心存不敬的態度。引申為忽略我們周遭的人事物，對他們表現出輕忽、漠視的態度。

製作單純只是為了分享嗎？當然不是，若每個人總是從因看果，很多事情都容易錯焦。

例如：「我做保險，所以講保險」，這樣是做不好保險的。若你是「因為要讓顧客得到完整的保障，而講保險」，這樣你成功的機會就會更大，你要先確定什麼才是你的目標，接下來的執行動作才有意義。

> 因為要分享，所以才設計簡報，分享反而變成了目的。可是專題的製作單純只是為了分享嗎？當然不是，分享的目的是為了讓觀眾可以接收到講者想要說的訊息，不僅要讓觀眾聽懂，同時還要願意聽，若每個人總是從因看果，很多事情都容易錯焦。

目標＋規劃＝成功

具體怎麼做呢？我分為下列兩點：

一、目標

回到川卜分享的案例，若川卜是為了讓同仁了解他成功的訣竅，所以才設計簡報，就是從

「果」來種「因」。此刻你種下的因，才會長出正確的果。也就是「以終為始」為出發來設計專題，就自然聚焦在讓「同仁瞭解」，縱然投影片不美觀，卻較能達到這個目的。

著名的黃金圈法則，也提出了同樣的觀點。這是賽門．西奈克（Simon Sinek）【註2】所提出，黃金圈法則的原理是，必須先了解「目的」，再來想「方法」，最後才是做「什麼」；也就是先知道WHY，再來才是HOW，最後才是WHAT。

賽門所說的WHY，就是「果」；HOW跟WHAT就是「因」。

就像是出發前，你已經清楚知道要去的地方，動機愈明確，動力愈強大，當然很快就能抵達的目的地；若出發後才再想目標，不知道要去哪裡，這樣容易走偏，動力也會隨時間而減弱。

以我為例，我在九十六年初，當年三十二歲，我在夢想板上貼上了目標，上面寫著「四十歲成為卓越的演說家」。結果八年後，在一〇四年，我剛好四十歲自行創業，真的開始到處演講、授課，成為一個以此維生的講師。你看我八年前所設定的目標，是不是就真的讓我實現了呢？這就是定目標的威力。

【註2】
賽門．西奈克（Simon Sinek）：領導力哲學的第一人，因發現黃金圈法則而出名。著有《從「為什麼」開始：偉大的領袖如何激勵行動》一書，並在《紐約時報》、《華爾街日報》等知名媒體發表評論。

二、規劃

什麼是規劃？規劃是指一定時期內要達到的目標以及實現目標的方案途徑。制定規劃的方法很多，但本篇不談如何制訂規劃，我談兩個案例，說明規劃對於目標達成的重要性。

一九八四年與一九八六年的國際馬拉松邀請賽，參加的選手每個都是各國好手，競爭非常激烈，最後居然爆出大冷門，由名不見經傳的山田本一奪冠。

當記者在賽後採訪時，問他是怎麼超越那麼多選手，拿到冠軍？他才緩緩道出他的規劃。

「我在每次比賽之前，都會駕車沿著比賽的路線，仔細觀察沿途的標誌，將比較醒目突出的標誌拍攝下來，再按照先後排列成次序。」

假設第一個標誌是一棵大樹，第二個標誌是一所銀行，第三個標誌是一個超級市場，第四個標誌是一座紅屋子，第五個標誌是一間學校……，山田就將這些標誌排列直到終點。

這些標誌之間的距離，不長也不短，但又不是完全相等的。用一張大地圖，在每一個標誌的所在地，貼上它的照片，掛在牆上，每日相對，深深印在腦海。練習時，腦海中就會自動浮現自己現在正在往哪個標誌跑去；跑到了之後，下一個標誌又出現在腦中。整個過程裡，他的腦中只會顯現一個目標，就是前面的標誌。

比賽開始了，他以百米的速度，奮力衝向第一個地點；到達後，又以同樣的速度，奮力衝向第二個標誌；他把全程分成許多個小目標，即是許多個小終點，逐個去完成。他說：「把全程分為這麼多的小目標和小終點，讓我可以輕鬆地跑完了四十多公里。」這就是他成功的秘訣。

> 我們都知道在出門前，根據目的地事先查好地圖，了解哪條路可以早點到目的地，以免走太多冤枉路。同樣地，在著手任何一件事情前，都要先認對方向，才可以登上通往成功的階梯。

哈佛大學在一九七九年，曾經對商學院MBA學生做了個調查：「有多少人對未來已經有明確的目標？」

當時的研究結果發現，百分之八十四的人沒有明確的目標；百分之十三的人有明確的目標，但沒有寫下來；百分之三的人有寫下明確的目標，包含詳細的執行規劃。

十年之後，哈佛大學重新對當年這些學生再次做了調查，有了重大的發現：當初有設定目標卻沒有寫下來的人，他們的收入比沒有目標的人，平均高出了兩倍；百分之三寫下目標，並且制定出明確執行規劃的學生，平均收入比沒寫目標的人高出十倍！

這兩個案例都說明了有規劃，並且按照規劃執行，更能幫助你完成目標。

所以，出發必須有明確的方向，「以終為始」的習慣，就是「心中預期的結果，才是你出發的理由。」知道什麼才是終點，你才啟航。

破局變現**業務王**必懂的事

開始總得有個方向，方向對了，啟航才有意義。如何更有意義的忙碌？切忌「由因來看果」，例如：因為我學歷不好，所以不會有好成就。若能夠用「由果來種因」，例如：我要有好成就，所以我要努力學習。這才是史蒂芬．柯維提出的高效能人士的好習慣──「以終為始」。

翻轉 06

時間用在刀口上

為什麼總是有人常常喊著時間不夠用？這可能跟不懂正確運用時間有關。若你也能多做「重要又不緊急的事」堅持一段時間，你就會發現，很多「又急又重要的事」就不會發生，不用像個救火消防隊員一樣疲於奔命，把時間用在刀口上。

一天開完早會，大學時期的好朋友文哲打電話給川卜說：「川卜，好久不見，我在你們公司樓下。」

川卜：「是喔！那你等我一下，我馬上下去。」

將近十年沒見的老同學碰面之後，真的太開心了，除了敘舊之外，天南地北聊個沒完，結束之後回到單位，已經五點多了，川卜收拾一下公事包，準備回家。

消防員用防火替代救火

你有遇過這種情形嗎？你說：「當然有啊，人家大老遠來，又好久不見，當然要好好招呼一下老同學呀，這就是所謂『有朋自遠方來，不亦樂乎』。」

老同學好久不見，難得遇到了，自然開心。不過文哲已經當上市長了，川卜還是個小業務，你還覺得一樣嗎？

對於文哲來說，到這裡順路拜訪川卜可能是計劃中的安排，但對川卜而言，並不是計劃中的事，而這件並非計劃內的事，就是「緊急但不重要」的事。

為什麼總是有人常常喊著時間不夠用？這可能跟不懂正確運用時間有關。我來說個故事，你比較容易理解。

在美國某個小鎮的消防隊，火光就是命令，火場就是戰場，消防隊員們總是英勇的在第一時間趕赴火場進行救火。但畢竟救火是非常危險的，為了不讓打火弟兄們總是深陷火海之中，那怎麼辦呢？

後來消防隊想出個辦法，那就是利用空擋時間，派出消防隊員去鎮上做另外一件工作，做什麼呢？檢查鎮上家家戶戶裡的老舊電線、電纜是否需要更換；檢查老舊的消防設施，或是在危險的地方設置消防設備。

一開始他們的工作量確實增加了，但堅持一段時間後，這個小鎮發生火災的頻率卻下降了，如此一來，他們就更有信心投入更多時間，做檢查與增加消防設施的工作，最後消防隊員最多的工作就不再是救火，而是防火。

用在時間管理上，一樣適用。救火，就是「又急又重要的事」；防火，就是「重要不緊急的事」，當然還有「緊急不重要的事」跟「不急不重要的事。」

這四種分類就是史蒂芬．柯維提出的二維四象限「時間管理矩陣」，也是高效能人士從依賴期到獨立期的習慣之一——「要事第一」。當你開始往確定的方向邁進時，你接著要知道如何更有效率的運用時間，為了不讓瑣事佔用你的時間，要事第一就顯得非常重要了。

”

想要有效率地完成工作，首先得學會區分事情的輕重緩急。很多人每天都被時間追著跑，處理著重要且緊急的事務，導致精疲力盡；唯有將大部分的時間放在重要卻不緊急的事情上，懂得捨棄不重要的事情，才能高效率管理自己的人生。

”

落實「要事第一」，做值得做的事

之所以常常恨不得一天有四十八小時，是因為你常常在做的，就是「救火」的工作，也就是緊急又重要的事。回到消防隊的案例，為什麼後來消防隊的主要工作變成防火了呢？那是因為防火做的好，就不容易發生火災，沒有火災就不用整天出生入死的救火啦！

也就是說，若你也能多做「重要又不緊急的事」堅持一段時間，你就會發現，很多「又急又重要的事」就不會發生，那就不用像個救火消防隊員一樣「出生入死」了。

那怎麼多做「重要又不緊急的事」呢？首先必須區分，你要做的這些事情是屬於哪一個象限。根據史蒂芬．柯維提出的「時間管理矩陣」，四個象限分別是：象限一「重要且緊急」、象限二「重要但不緊急」、象限三「緊急但不重要」、象限四「不重要也不緊急」。

時間管理矩陣

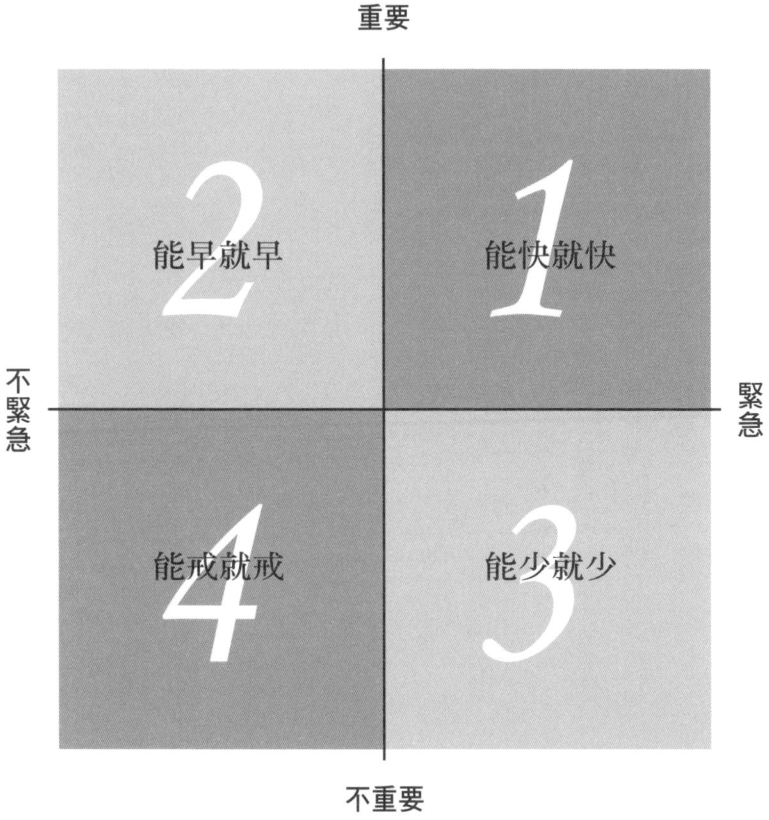

小練習

給你五分鐘，請你將下列的工作區分後，放在這四個象限上。

年度的休息規劃、上國華講師的課、完成目標設定與執行計劃、人脈關係建立、開早會、客戶辦理賠、高峰會競賽、保單簽收、廠商寄來的生日卡、朋友忽然到訪、接電話、跟同事一起罵主管、朋友約唱歌、小車禍、遊戲破關晉級、看八點檔。

這是我的分類法，提供參考：

象限一「重要且緊急」：開早會、客戶辦理賠、高峰會競賽、保單簽收。

象限二「重要但不緊急」：年度的休息規劃、上國華講師的課、完成目標設定與執行計劃、人脈關係建立。

象限三「緊急但不重要」：朋友忽然到訪、接電話、朋友約唱歌、小車禍

象限四「不重要也不緊急」：遊戲破關晉級、廠商寄來的生日卡、跟同事一起罵主管、看八點檔。

面對這四個象限，應該怎麼正確的面對呢？

「不重要、不緊急」的事，無關緊要，一律戒掉。

「緊急、不重要」的事，用溫柔堅定的語氣與對方說：「謝謝，下次有機會。」

「重要、緊急」的事，要用最高的效率，立刻處理掉。

「重要、不緊急」的事，將所有時間，都用在這個象限裡的工作就對了。

銷售便利貼

為了讓你方便記憶，再分享一個「口訣」給你。

「不重要、不緊急」：能戒就戒。

「緊急、不重要」：能少就少。

「重要、緊急」：能快就快。

「重要、不緊急」：能早就早。

那文哲忽然到訪怎麼辦呢？難道要跟文哲說：「謝謝，下次有機會嗎？」當然不是啦！基於老同學的情份上，人家也已經到公司樓下了，你應該禮貌性的接見，不過不能因此把今天「重要，不緊急」的工作放下（例如有課就不去上了）。你可以跟文哲說：「我今天還有很多重要的工作要做，這樣吧，我們聊個十分鐘，然後我們再約個時間，好好碰面敘敘舊好嗎？」這樣才是對的作法。

破局變現
業務王
必懂的事

所有高手之所以頂尖的關鍵原因之一，就是他們總是可以最有效率的運用時間，創造出最高的價值，換取顧客付出最高價格。高效能人士深刻瞭解「要事第一」的觀念，懂得分辨出什麼事情是「重要、緊急」、「重要、不緊急」、「緊急、不重要」、「不重要、不緊急」。

分辨出來之後，再正確的把時間分配在這四個象限中。

翻轉 07

學會鷹的思維，創造雙贏局面

從「商品的代理人」轉換成「顧客的代言人」——從賣你想賣的商品，換成幫客戶買需要的商品。這種思維，就是高效能人士從「個人成功」到「公眾成功」的轉換。

小李：「川卜哥，我剛當了爸爸，我覺得是應該把我的保障再加強，不過我太太的壽險顧問說，這類商品你們公司賣的比較貴，不划算怎麼辦？」

川卜：「我們公司是保險業的名牌，比起一般小保險公司可能貴一點，但是相對也比較有保障呀。」

小李：「不會差很多吧？」

川卜：「商品都大同小異，不會啦！」

當保單下來之後，李太太仔細對比了一下保障與保費，結果真的貴了百分之二十，問川卜怎麼辦？川卜當下啞口無言。

你贏我也贏的雙贏思維

你說：「品牌大，當然比較貴呀，要便宜那就只好叫他去買小公司的吧！」是這樣嗎？如果有這樣的結論，那你可能還停留在「商品代理人」的思維。

所謂的「商品代理人」，就是你只負責把商品賣給顧客，並從中獲取銷售利益。這並沒有錯，但若當顧客有了更多選擇權的時候，你可能就要調整一下銷售思維，從「商品代理人」轉換成「顧客代言人」——從賣你想賣的商品，換成幫客戶買需要的商品。

這種思維，就是高效能人士從「獨立期」（主動積極、要事第一、以終為始），轉換到「互賴期」【註】；從「個人成功」到「公眾成功」。公眾成功的第一個習慣，叫做「雙贏思維」，也就是「你贏，我也贏，那才行動，不然不幹。」的思維。

有別於以前資訊不對稱的時代，交易雙方所擁有的資訊量不相同，企業比客戶擁有更多的商品訊息，因而可以獲取商業利益。網路的崛起，客戶可以在網路上了解相關資訊，再加上愈來愈多的線下體驗，線上付費的消費方式，正衝擊著壽險顧問現有利益，若單靠顧客對自己的信任就想成交，風險愈來愈大。

就像是一開始的案例，一旦利益大到超過顧客的忍受度，損失的不只是交易，還有累積多年來對你的信任。

換個方式，創造三贏局面

上述的情況，也是我以前實際經歷過的個案，那麼該怎麼解決呢？在公眾成功的立場，雙贏思維的想法之下，應該怎麼創造雙贏呢？我建議如下。

小李：「川卜哥，我剛當了爸爸，我覺得是應該把我的保障再加強，不過我太太的壽險顧問說，這類商品在你們公司賣得比較貴，不划算怎麼辦？」

川卜：「我們公司是保險業的名牌，比起一般小保險公司可能貴一點，但是相對也比較有保障呀。」

小李：「不會差很多吧？」

川卜：「我有好朋友在您太太說的那家公司服務，我幫您瞭解一下這類保單實際差異。」

經過了解之後，川卜發現價格真的有差距。

【註】
史蒂芬．柯維在《與成功有約》書中提到一個人的成長有三個階段：依賴期、獨立期、互賴期。依賴期以「你」為核心，需要你照顧我，逐漸成長後進入獨立期，以「我」為核心，我可以自己負責了，出社會後進入互賴期，以「我們」為核心，融合彼此的特點，共創雙贏。

川卜：「小李，我查過了，價格上面真的有差，大概差了百分之二十的保費。」

小李：「差這麼多喔！那我應該會買他們家的喔！」

川卜：「當然呀，若我是你，我也會這麼做。不過，我建議你一人投保，兩人服務，我朋友是他們公司銷售冠軍，服務專業也熱誠，完全不輸給我，我建議你可以交由他服務，而且我會特別跟他說，你是我的好朋友，一定要特別用心服務。」

這就是過去我成交的案例。

這樣的成交，我認為不只雙贏，甚至達到了三贏的效果。當年的顧客堅持要買幸福人壽的保單，但我不認識幸福人壽的業務員，怎麼辦？於是為了雙贏思維，我主動打電話到苗栗的幸福人壽服務所。

我打過去說：「我想投保你們家的保單，但我很重視服務，可以幫我推薦一位優秀的壽險顧問跟我聯絡嗎？」電話掛完沒多久，一位業務員打電話給我，我說：「實際上並不是我想買，是我的客戶想買。若我介紹給你，你賺業績，我賺佣金，然後一起服務顧客好嗎？」你覺得他會不答應嗎？他欣然答應！

最後，顧客以便宜的價格買到他想要的保險；幸福人壽的業務員多了業績；我也因此賺到我的介紹費佣金，這不就是三贏的局面嗎？

三種商業思維，展現你的格局

在商業的世界中，有三種經營思維。

一種是雞的思維，也就是「我要贏，但你必須輸」。這是架構在一種「稀缺資源」的心態上，認為別人若多吃一口，我就沒得吃，會有這種你死我活的想法；另一種是雀的思維，也就是「我要贏，就算你輸了，也與我無關」。這就是自掃門前雪，獨善其身的觀念，沒有不好，但就是格局不夠大；最後一種是鷹的思維，也就是「我要贏，你也要贏，不然不幹」。這是架構在「充裕資源」的心態上，認為只要在共同的利益下，放下立場，就可以共創雙贏，這就是雙贏思維。

> 雙贏思維，是從個人成功，轉換到公眾成功的首要習慣。也就是在一開始合作的當下，就必須存在著雙贏思維。人與人之間的交往就像是情感帳戶，存放著雙方之間的真誠與信任。站在對方的角度換位思考，把自己帶入對方的角色中，想對方所想，在共同的利益下創造雙贏。

破局變現
業務王
必懂的事

受僱於公司，本該為所屬公司創造獲利，但在消費者資訊愈來愈透明，選擇也愈來愈多的時代，你的思維不能只停留在商品代理人的位置上，需要適時轉換成顧客代言人的思維。當顧客沒有其他選擇權，那理應就所屬公司商品進行規劃，此刻你是商品代理人；若顧客指定公司或商品時，你也要有異業結盟的配套措施，進行客製化的需求滿足，此刻你就是顧客代言人。

翻轉 08

別急著表達意見！這樣「聆聽」才能解決問題

川卜幫助了單位，不但給經理留下好印象，也讓自己的才華有所表現。可惜的是，他第一時間拒絕了經理，無法深入了解經理請託的動機，甚至可能把被賞識、被重用的機會給拒於門外。傾聽的目的不是瞭解之後的回應，而是發自內心地想要了解。透過溝通去了解對方的觀念、感受與內在的世界。

經理：「川卜，這次中秋節晚會，我想請你跟正恩想一下活動。」

川卜想到自己這個月的業績進度落後，若多了這個工作，擔心目標無法達成。

川卜：「經理，找別人好嗎？我這個月有些忙。」

經理：「喔！這樣呀，那你可以幫忙嗎？」

川卜：「幫忙是可以啦！」

經理：「那也很好，我很需要你們年輕人的創意喔！」

知彼解己，同理心的聆聽是最高境界

你有遇過類似的情況嗎？你說：「當然有呀，都是團隊裡的一份子，適當的幫忙也是應該。」這樣的作法正是上一篇提到的雙贏思維，川卜在力所能及範圍內幫助了單位，不但給經理留下好印象，也讓自己的才華有所表現。可惜的是，川卜第一時間拒絕了經理，讓他無法深入了解經理請託的動機，甚至可能把被賞識、被重用的機會給拒於門外了。

公眾成功首先要有「雙贏思維」，接下來就是「知彼解己」，先求了解對方，再求被瞭解。想要有效的溝通，發揮影響力，第一步絕對不是「講」而是「聽」。若是川卜可以先瞭解經理的動機，再來做出相應的回答，這種「知彼解己」的動作會讓效益更大。

傾聽的目的不是瞭解之後的回應，而是發自內心地想要了解。透過溝通去了解對方的觀念、感受與內在的世界。了解的目的若只是為了回應，那可能會被認為是別有用心，反而會傷害情感；但若發自內心的傾聽，不僅可以獲取最正確的資訊，還能有助彼此情感的加深。

> 了解的目的若只是為了回應，那可能會被認為是別有用心，反而會傷害情感；但若發自內心的傾聽，不僅可以獲取最正確的資訊，還能有助彼此情感的加深。

那該怎麼做呢？首先你必須知道聆聽分五個層次，依序是「忽視、假裝、選擇性、專注、同理心。」

一、**忽視**：對方的話如同耳邊風，完全不做任何努力去聽對方說話。

妳老公一回到家就坐在沙發上看電視，妳問他：「老公，我請你買的牛奶，買了嗎？」老公的回答居然是「好！」這種答非所問的聽，就是忽視。

二、**假裝**：只回答「嗯、喔、好、都行、隨便」，雖然略有反應，但只是敷衍了事，心不在焉。

吃飯的時候，妳問老公：「明年的旅遊，我們去歐洲好嗎？」

老公：「嗯嗯嗯……」

妳繼續說：「隔壁黃太太才從歐洲回來，說真的很好玩！」

老公：「好好好……」這就是虛應故事，實則心不在焉。

三、**選擇性**：只願意聽自己想聽的內容。

妳又繼續說：「他們說一個人的團費只要六萬多就可以了。」

老公：「嗯嗯……」過一會兒，終於回過神說：「一個人要六萬多？也太貴了吧！」這種只聽自己關心的事，就是選擇性聆聽。

四、**專注**：聆聽的目的只為了要回應對方，卻不是真心想要瞭解對方背後的動機。

妳說：「你不知道他們的行程有多精彩。」

老公這時候全神貫注的聽，並且在了解之後說：「嗯！我懂，但你又不是不知道我現在剛上任經理，不是團費問題，是我根本抽不出空來。」這就是專注聆聽的目的只為了回應，卻不一定了解老婆想去的真正動機。

五、同理心：這才是聆聽的最高境界，不但可以了解實情，對症下藥，還能夠滿足被瞭解、被信任的精神需求。

> 常言道：「上帝給你一張嘴，兩隻耳朵，就是為了要讓我們多聽少說。」同理心是聆聽的最高境界，願意站在對方的角度看事情的面貌，不但可以了解實情，對症下藥，還能夠滿足被瞭解、被信任的精神需求。

同理心：先感受情緒，再聆聽字句

尊重說話的人，可以復述他的話，表示有在專心聽，但對方說的內容，我們真的瞭解嗎？想要達到同理心的境界，基本有四個步驟。

步驟一、在聽的時候，試著重複對方話語的最後幾個字，作為回應。
步驟二、然後，用左腦理解，之後用自己的字句表達。
步驟三、再來用右腦感受加入個人感覺，並呼應對方的情緒。
步驟四、最後，左右腦並用，理解對方的問題後，再感受對方的情緒，最後總結你的建議。
就這四個步驟，我們試著套用在平常生活中的案例看看。

妳有個閨蜜，碰面時跟妳哭訴她與男朋友發生的事情。
閨蜜：「我男朋友他真的很過分！」
妳：「妳說他很過分。」（重複她最後幾個字。）
閨蜜：「對呀！我昨天生日，他居然忘了！」
妳：「這麼重要的日子，他居然忘了！」（用左腦理解，之後用自己的字句表達。）
閨蜜：（啜泣）
妳：「妳現在一定很難過……」（用右腦感受加入個人感覺，並呼應對方情緒。）
閨蜜：（啜泣）
妳：「這麼重要的事情都會忘記，我想妳肯定很傷心，我能了解妳的感受，不過也許是他發生了什麼事，更需要妳關心他。」（左右腦並用，理解對方的內容，再感受對方的情緒，最後總結你的建議。）

這時候閨蜜很可能會止住傷心，因為妳確實有站在她的角度，並讓她知道，她可能只在乎自己的感受，並沒有實際了解男友是否真的有比她生日更重要的事情正在發生。當她感覺妳跟她站在一起的時候，妳的建議才能發揮到影響力。

什麼是同理心？意思是，把心放到對方身上先感受到他的快樂、憤怒、痛苦、激動，然後聆聽，依照上述的四個步驟，打開對方的心門，讓你了解實情，連結感情。

> ，，同理心的意思是把心放到對方身上先感受到他的情緒，讓對方感覺你跟他是站在一起的，這時候你的話語才能發揮影響力，讓對方願意打開心房，採納你的建議。，，

我們回到川卜的案例。當經理提出請託的時候，川卜不應先從自己的角度出發，如果他有「知彼解己」的習慣，川卜可以這麼說。

川卜：「經理，你要我幫忙想中秋晚會的活動？」（重複話語）

經理：「嗯，你們年輕人有創意，我很需要你們幫忙！」

川卜：「謝謝經理的賞識，高業績沒有，但鬼點子很多。」（左腦回覆）

經理：「你們還年輕，以後單位就靠你們了！」

川卜：「謝謝經理給我這個機會，但業績不好，我也很怕賺不到錢養家。」（右腦回覆）

經理：「喔對！你這個月進度有比較落後，由你主導可能會花你比較多時間，正恩這個月表現不錯，那你幫他的忙好了！」

川卜：「哈！還是經理了解我，我會盡全力幫忙的。」

你看，這樣回答是不是好很多呢？

破局變現
業務王
必懂的事

當你可以移情換位，感受對方的心情，你便已經達到同理心的核心原則，也就是俗稱的「將心比心」。或許不容易做到，一旦做到，你將具備脫離獨立期，昇華到互賴期所必須具備的重要習慣，「知彼解己」的意思是，先求了解對方，再求對方了解你。要做到「知彼解己」有四個步驟：重複字句、左腦理解、右腦感受、綜合建議。這裡教個心法：「先感受對方情緒，再聆聽字句。」

Part

02

熱表達——情商升級，遠離被人秒打臉的日子

光只有專業，卻沒有表達能力，無助於提升在職場上的競爭力。身為銷售人員是否經常得罪客戶於無形而不自知？

懂得表達，讓情商升級，在開口前就讓客戶喜歡上你，未來的驚奇彩蛋將源源不斷。

升級 01

為什麼他總是聽不懂呢？

「有目的」是指達到溝通目的。說太多或太過簡單，只要對方聽不懂，「千言萬語都會變成萬千距離」，因為你沒有達到讓對方「聽懂」的目的。

某天我要到屏東授課，中午搭區間車到高雄剛好十二點，拎著有點沈重的行李箱走下階梯，就被右邊撲鼻而來的台鐵便當吸引了。

付了一百元，坐下來細細品嚐美味的排骨便當，吃完之後準備丟便當盒，站起來轉一圈，我找不到垃圾桶，於是我問了旁邊販賣禮品的店員，這時有趣的事情發生了……。

做個會說話的人

我問店員：「請問垃圾桶在哪裡？」

她對我比著前方說：「廁所那邊！」

我有點疑惑，我是要丟垃圾，沒有要上廁所呀！以為店員沒聽清楚，所以我繼續問：「我是想問垃圾桶在哪裡？」

她依舊回答：「廁所那邊！」

「我沒有要上廁所呀！妳沒聽懂嗎？」我心想。

於是我說：「妹妹，我沒有要上廁所，我要丟垃圾。」

她這時才說：「對呀，垃圾桶在廁所旁邊。」

我這才明白她的意思，原來她是想跟我說，垃圾桶在廁所那邊。但她這樣說，算是一個好的表達嗎？應該不是，因為她只完成了「講」，並沒有完成讓我「聽懂」的目的。

「有目的」是指達到溝通的目的。剛剛那個店員的說法，就好像客戶問你：「保費不繳了怎麼辦？」你說：「那妳可以辦『繳清』【註1】呀。」你覺得這樣對方聽得懂嗎？說太多或太過簡單，只要對方聽不懂「千言萬語都會變成萬千距離」，因為你沒有達到讓對方「聽懂」的目的。

”「表達」若讓對方聽不懂，就算是千言萬語，也會變成萬千距離。”

不同目的採取不同方式溝通

那到底怎麼說，可以讓對方比較容易聽懂呢？要達到讓對方聽懂，就得注意「目的、方式、回應」三關鍵，本篇與你分享必須先學會的「目的」。

與對方溝通，你應該先確認目的是什麼？一般產生溝通的目的有以下四種：

- 說明事物。例如，我們向客戶解說商品。
- 表達情感。例如，你跟孩子說：「寶貝，今天上學路上要小心喔！」
- 建立關係。例如，你邀約好友參加活動。
- 完成企圖。例如，你要跟客戶確認新契約。

確認不同的目的之後，接著才是採取不同的方式，來達成你想溝通的目的。你說的話讓對方聽懂了，基本上溝通就已經成立了。而溝通之所以能成立，是因為溝通是由「發方、收方、訊息、方式」這四個要素所組成。

舉個例子：你打了電話給陳董說：「陳董，我們公司有辦旅遊，跟我們一起去吧！」

【註1】
繳清是「減額繳清」的簡化，是保險公司的內部用語。當顧客不再續繳保費後，業務員可以幫顧客辦理停止扣款、繳費的一種作業方式。

拆解一下上面這段話，這四個要素分別是，你（發方）、陳董（收方）、有旅遊，希望一起去（訊息）、方式（打電話）。這四個要素都具足，溝通就算成立。可是對方真的理解了你邀約的目的了嗎？這可不一定。

對方可能會說：「你打錯電話了，我不是陳董。」

要能夠讓對方聽懂我們表達的目的，四個要素中，我認為最重要的就是「方式」，也就是訊息的載體非常重要。一般分成內與外兩類，內是本有載體，是指人不需假於外物的溝通媒介，包括語言、肢體動作、表情、眼神等等；外是外有載體，是指需要藉助外物的溝通媒介，包括文字、書信、電話、電子郵件、以及新媒體等等。通常一次溝通過程中，會發生幾種信息載體同時存在的情況。

與人互動時，若不藉著外有載體的媒介，最常用的就是你說話時所傳達的「文字訊息、聲音語調、肢體語言」，只要妥善運用，基本上就能達到很好的溝通目的。這三種方式，比例應該怎麼搭配呢？請記住一個「麥拉賓法則」。

> 與人互動時，最常用的就是你說話時所傳達的「文字訊息、聲音語調、肢體語言」，只要妥善運用，基本上就能達到很好的溝通目的。

善用三法則，溝通無障礙

什麼是麥拉賓法則呢？就是以具體數值表現說話者影響聽眾的三要素法則，這是由艾伯特．麥拉賓教授【註2】所提出，又稱為「3V法則」、「7：38：55法則」。

百分之五十五＝Visual（視覺訊息：外表、表情、儀態、眼神）

百分之三十八＝Vocal（聽覺訊息：音質、說話速度、音量、腔調）

百分之七＝Verbal（言語訊息：辭義）

身為優秀的壽險顧問，知道得用什麼方式與對方溝通了嗎？是不是多用百分之五十五的肢體語言呢？當然不是，你要3V齊發，因為這才是百分之百讓對方更容易聽懂的方式。

回到上面的案例，若我是那個妹妹，我的目的是要告訴對方垃圾桶的具體位置，利用3V法則回答他：「這位帥哥（言語訊息、聽覺訊息），垃圾桶在那邊（視覺訊息：用手指向廁所的方向），就在廁所的旁邊」

【註2】
艾伯特．麥拉賓（Albert Mehrabian）：生於一九三九年，為美國心裡學者，在一九七一年提出麥拉賓法則（the rule of Mehrabian）。

當對方回應：「謝謝」表示他已經了解垃圾桶在什麼地方了。我才會說：「不客氣。」

身為優秀的壽險顧問，要 3V 齊發，才是百分之百讓對方更容易聽懂的方式。

破局變現業務王必懂的事

人與人溝通，都伴隨著不同的目的，基本目的有四種：「說明事物、表達情感、建立關係、完成企圖」，當你確認了與對方溝通的目的時，你接下來的表達，首先要思考的是，用什麼方式讓對方更容易理解你的意思？

這時候善用麥拉賓教授的「七、三十八、五十五」法則，除了文字語言的傳遞，若能搭配聲音語調與肢體語言的話，更能讓對方迅速理解你想說的話。

升級 02

靠嘴巴工作，就要懂「說話三原則」

願意傾聽並且認錯的皇帝，就是晉武帝司馬炎。但你覺得劉毅用桓靈二帝形容晉武帝是好回答嗎？若你明知昨天老闆應酬，今早開會他遲到了，然後你當所有人的面對他說：「你這個酒鬼，你遲到了！」你覺得你說話很真，但老闆會虛心接受嗎？你可能從此被打入冷宮才是真。

皇帝：「你覺得我像歷任皇帝的哪一個皇帝呀？」

劉毅：「我覺得你像桓靈二帝【註1】。」

所有文武百官都為祭司劉毅捏了一把冷汗，這樣形容皇帝，立刻就要被砍頭的。

【註1】

桓靈二帝：漢代最昏庸的兩個皇帝，賣官、好色、嗜酒一無是處。

皇帝：「為什麼你覺得我像他們呢？」

劉毅：「因為他們賣官，你也賣官，而且中飽私囊。」（當時官職可以用錢買通。）

皇帝一聽當場氣得拂袖而去，但一下又轉過來，對著劉毅說：「我絕對不會像桓靈二帝，因為我有你。」

這個願意傾聽並且認錯的皇帝，就是晉武帝司馬炎。但你覺得劉毅的回答是好回答嗎？若你明知昨天老闆應酬，今早開會他遲到了，然後你當所有人的面對他說：「你這個酒鬼，你遲到了！」你覺得以後老闆對你還有好臉色嗎？

說話態度先走心後走腦

當年歷史上，明成祖朱棣非常欣賞方孝儒，希望他寫詔書，召告天下自己要當皇帝了，但方孝儒說：「我死也不會幫你寫。」並且在詔書上面寫「燕賊篡位」，皇帝說：「你不怕我滅你九族？」方孝儒說：「就算殺我十族，我也不寫。」

你知道後來怎麼了嗎？方孝儒不但被凌遲處死，還被殺九族，連第十族都沒被放過，史稱「誅十族」。這是我所知道，說話態度不好會遭遇的最慘案例。

所以，會說話的三原則，就是「真誠、尊重差異、清楚」。

一、真誠

「真誠」拆開來講，就是真心、誠意的意思。也就是說話的時候，讓對方可以感覺，我們是真心想聽什麼事，有誠意的解決什麼問題。

我分享我常用的五個基本態度「臉笑、腰軟、嘴甜、眼力好、腳勤快」，就容易讓人感覺我們真誠。

- **臉笑**：除非說的事情是悲傷、痛苦的，不然帶著盈盈微笑，還沒說話，對方就先感受到你親切的態度了；反之，若一副苦瓜臉、撲克臉，不管你再有內涵、深度，還沒開口前，距離感已立現。
- **腰軟**：不是要讓你卑躬屈膝，而是沒有架子、身段柔軟，當然能夠像日本人這樣具體表現出十五度（遇到長輩）、三十度（迎接客人）、四十五度（表示感謝）、九十度（深度致歉或感謝）的鞠躬，那對方的感受也會更具體。
- **嘴甜**：可以運用下一篇會分享的「三層次讚美法」，但這裡提醒一點就是，無論什麼技巧，首先是不要矯情，不要言過其實，自然、真誠的話，沒有技巧也可以讓對方開心。

例如我有時候會說：「不知道為什麼，我看到姐姐妳，我就覺得特別高興！」我沒有講出什麼原因，對方也會感到開心。

• **眼色好**：簡單講就是先一步看到對方的感受，並做出及時的回應。例如看到大哥看手錶，你馬上會問「大哥，你趕時間嗎？」或是看到客戶眉頭一皺，你要立刻問：「這邊是不是需要我再說明一遍。」

• **腳勤快**：就是你表現出積極、主動的行為。例如簽完新契約，你跟客戶說：「好！我現在立刻回去送件，要快一點讓您的保障生效，您更安心拼事業。」讓顧客感覺你總能幫他設想、幫他完成心願，以我為例，每次主持人邀請我上台時，我基本上都是用小跑步出場，為什麼？就是因為我希望聽眾感覺我積極、腳勤。

二、**尊重差異**

舉個例子，有一對夫妻剛下飛機，在機場免稅店看到一個包包。

妻子對先生說：「剛剛我看到一個包包我很喜歡，想了很久還是沒買。」

丈夫疑惑地問：「為什麼？」

妻子說：「我們寶寶剛出生，開銷變大，錢不能隨便花！」

丈夫說：「喔！妳是不是想說，嫁給我，妳很委屈是嗎？」

為什麼對話會造成曲解呢？這是有原因的。男人通常會捨得為自己愛的女人花錢，而女人則會為了自己愛的男人省錢。但妻子這麼說，男人會覺得女人傷了自己的自尊，但女人只是要讓對方知道，我為了愛你，可以不買喜歡的包包。錢對男人象徵自尊，但女人要的比較實際。

男女雖然都是人，卻有非常多不同的地方。多瞭解各種不同的類型，男女的差異，也較容易了解差異，尊重差異。

三、清楚原則

心理學家約翰．格雷【註2】曾在《男人來自火星，女人來自金星》一書中指出，由於男女大腦天生構造的差異，所造成的想法、行為上也有許多的不同。

男性面對問題時較習慣以明確、重視各部細節的方式，去系統化的處理與分析；女性則習慣以傾聽、同理的方式與他人產生連結，較容易以個人經驗去評斷問題。

男性說話清楚、明確；女性說話會拐彎抹角，喜歡暗示、隱喻來表達。例如，男生早餐想吃什麼會直接跟你說，女生就會問：「你早餐想不想吃培根蛋土司？」事實上她不是問你，只是她自己想吃，你聰明一點的話，就別說「我想吃炒麵。」等你真的帶她去吃麵後，你就會發現她心情整天都很差。

【註2】

約翰．格雷（John Gray）：美國心理學博士，同時也是流行心理學暢銷作者，其作品主要圍繞在兩性關係與個人成長。

”面對客戶時，要了解男女對事情態度的差異，男性需要「清楚、明確」；女性需要「感性、圖像」。”

男生說話看字義，女生看感覺。例如當她感覺你不太關心她，女生會說：「認識你這麼久，從來就沒有看你主動關心我。」女生表達的是感受，但男生立刻會察覺女生的字義有問題，男生就會反駁：「什麼從來？我昨天就有關心妳晚餐吃了沒！」

因此，當你面對男性客戶，你在說明的時候，盡量要說得清楚、明確，給予準確的論述、數據佐證，這都能夠幫助男性客戶理解，進而獲得信任；面對女性客戶時，你的說明最好搭配圖像而不是數字，一堆數據只會催眠她，例如搭配走鋼索底下的安全網，來形容保險的圖像，可以快速幫助她理解，進而成交。

破局變現
業務王
必懂的事

說話的態度是贏得客戶喜歡的首要因素，具體的三原則就是「真誠、尊重差異、清楚」。

態度除了用真誠的「臉笑、腰軟、嘴甜、眼力好、腳勤快」，還需要尊重差異，前提是必須多一點理解，因為「瞭解差異才能尊重差異」，進而獲得客戶的信賴，成交的機率就會提升。

升級 03

三層次讚美法，拉近客戶距離

先製造「愉快的感覺」，讓客戶願意跟你進行「問題的解決」。以我為例，我只要到了新的業務單位，首先做的第一件事，就是先讚美，而要先「看到」對方的優點，讓對方「聽到」我對他的讚美，我還要能讓對方「感受到」開心，達到「拉近彼此距離」的目的。

川卜：「以後您家裡的保險服務，就放心交給我吧！」

大姐：「好呀！希望你可以做久一點。」

川卜：「什麼意思？」

大姐：「現在保險這麼難招，大家都保了，半年前就有一個叫普金的，也說要交給他，現在還不是換你來。」

川卜：「不會啦！我會很認真幫你服務的啦！對了，大姐，妳說大家都保了，我看了你的保單，你沒有買現在最熱門的殘扶險喔！」

大姐臉色一沈，「有啦！我親戚也做保險，我有跟他買。」

簡單「三到」，讓客戶心花怒放

你覺得這位大姐說的話，是真話嗎？

你說：「當然有可能是想讓川卜知難而退的謊話。」的確，不過重要的不是大姐說謊，而是川卜太急切了。初次見面，你就想要推銷商品，就算人家有需求，也不願意跟你買的。

根據經驗，銷售有一個既定的過程，想要跳過這段過程，直接成交，挫敗機會很高。想想看，你頭上寫著保險業務員這幾個字，客戶看到你，心門都是緊閉的，若是無法打開顧客的心門，就算眼睛看著你，他也是「人在現場，魂在天堂」，你將徒勞無功。

那怎麼辦呢？你應該先製造好「愉快的感覺」，人家才願意讓你進行「問題的解決」。

首先，製造「愉快的感覺」有三個等級，基礎是讓客戶喜歡你，再來是認同你，最高境界是佩服你。那怎麼讓客戶喜歡你呢？你需要學會一種簡單又實用的讚美技巧——三層次讚美法，也就是「看到、聽到、感受到」。

以我的工作為例，我到了業務單位，必做的第一件事，就是逢人就先讚美，而且盡可能「看到」對方的優點，讓對方「聽到」我對他的讚美，我還要能讓對方「感受到」開心。

有根據的讚美，才是真誠的表現

舉個例子，有次我到一個新單位，看見一位同仁，對她說：「妳今天這樣穿相當好看，非常有夏天的感覺，再加上你身高這麼高，搭配短褲，看起來就更修長了，很好看。」

說完後，可以看得出這可愛的妹妹應該是蠻高興的，最後她還幫我揪團購買我的商品呢！

我們來拆解一下這段話。

首先是「看到」，一進入職場，這個女孩是第一個與我交談的同仁，我的眼睛立刻掃描她身上的優點，發現她很高，而且穿短褲，這代表他對自己修長的美腿很有自信，我認為這是一個很好的讚美點。

再來是「聽到」，「妳今天這樣穿，相當好看。」這是最簡單、最直接的讚美，但她很漂亮，想必早已習慣人家對她的讚美，所以只誇外在，容易讓她感覺我在說客套話。

最重要關鍵是「感受到」，怎麼把聽起來像場面話，變成聽起來像真心話呢？這時候我應該給出一個「理由」，必須再加以形容。所以我說「妳今天這樣穿，相當好看，非常有夏天的感覺。

加上你身高這麼高，搭配短褲，看起來就更修長了。」好看的後面，我加上「具體形容」，是不是會讓她感覺我的讚美有理由、有根據呢？

最簡單、最直接的讚美就是稱讚她很漂亮，但只誇外表容易讓對方覺得是客套話，要想聽起來像真心話，這時候應該給出一個理由加以形容，因為有根據，所以會認為你有認真觀察，並且發自內心稱讚。

先把人搞定，事情就解決了

什麼是三層次讚美法，以下簡單詮釋一下：

一、看到：顧客一出現，你應該快速發現他的讚美點。對方用心的裝扮，或是家裡的擺設，都是很好的讚美目標。你試想一下，人家花了三小時打扮，你是頂尖的壽險顧問，可以視而不見嗎？

二、**聽到**：大方說出來，讓對方聽見。說出你的讚美，除了是示好之外，更是一種喜歡對方的表現，能讓對方不自覺的也喜歡你。根據「相悅定律」【註】，想要讓別人喜歡你，就要先喜歡對方，你大方地讚美，很容易讓對方感受到肯定，更可能會讓對方佩服你的觀察力與細心，彼此的距離因而拉得更近。

三、**感受到**：讚美後，若再搭配具體形容，給出理由，那就會讓對方更加感受到你的讚美是如此的與眾不同，而不是場面話，對方對你的印象就會更好啦！

我曾遇過讚美完之後，對方反問理由，當下我說不出來，有點尷尬。此後，我在開口讚美之前，都會快速思考，我該如何具體形容，這樣可以避免尷尬，還能讓對方更開心。

想讓別人喜歡你，就要先喜歡對方，你大方地讚美，很容易讓對方感受到肯定，更可能會讓對方佩服你的觀察力與細心，彼此的距離因而拉得更近。

【註】

相悅定律：指人與人在感情上的融洽和相互喜歡，可以強化人際間的相互吸引。心理學研究發現，人際交往中，每個人都喜歡與喜歡自己的人交往，這是一種自然的吸引力。想要別人喜歡你，要先學會喜歡別人，尊重他人、讚揚他人，讓他感受到你對他的喜歡，自然而然，對方也會喜歡你。

破局變現
業務王
必懂的事

銷售，不是只有一個點，而是點對點。從見面的那一刻，就是一個點，你必須先製造愉快的感覺，才能跨到下一個點，進行問題的解決，要達到愉快感覺也有三個級別，分別是喜歡你、認同你、佩服你。

想要讓顧客喜歡你，建議用「三層次讚美法」，絕對是打開顧客心門，讓顧客喜歡你的有效方法。

升級 04

職場上的稱讚美學

稱讚通常是「上對下」的單向進行，當稱讚發生，等於雙方隱含著「我在上，你在下」的默契。任誰都不想屈居人下，當別人以透露著「你的地位較低」這項訊息的方式來對待自己時，就會傷及對方尊嚴。

經理：「平常我就很喜歡閱讀。」

川卜：「經理，你跟我一樣喜歡閱讀耶！」

經理：「為了讓我的部門更有競爭力，我都會帶著同仁一起閱讀。」

川卜：「經理，我以前也這樣耶，你跟我原來有這麼多共同點呀！」

經理：「是啊！對了，最近我想要把一些海外基金，轉向比較保守型的投資，你可以給我一些建議嗎？」

川卜剛好對投資理財相當有研究，於是很專業的給出許多建議，經理也相當認同。

禮貌比專業更重要

這個看似愉快的對談，沒多久川卜想再次拜訪時，經理卻一直推拖說沒空。後來經理的助理私下跟川卜說，上次拜訪之後，經理就跟她說：「這個業務不懂禮貌。」川卜一頭霧水，心想：「到底是哪裡說錯話了嗎？」

你說：「川卜哪有說錯什麼話？很多客戶都是表面裝得很和善，其實根本就是想要利用川卜的專業，減少自己做功課的時間。沒了利用價值，就不再需要川卜了。」是這樣子嗎？再仔細看對話，川卜真的沒有說錯話嗎？

界定一個人的第一印象，常常不是有沒有專業，是懂不懂得「禮貌」。到底川卜的行為哪裡沒禮貌了呢？根據管理顧問也是心理諮商師小倉廣【註】認為，「稱讚」、「受稱讚」這樣的行為，是以人與人間的上下關係為前提。

【註】
小倉廣：企業人力資源顧問、阿德勒學派心理諮詢師，著有《接受不完美的勇氣》、《交辦的技術》、《做事的常識》等作品。

> 界定一個人的第一印象，常常不是有沒有專業，是懂不懂得「禮貌」。

他舉例，一般人絕對不會在總經理迎面走來、彼此眼神交會時稱讚對方說：「總經理，您真是非常努力工作呀！」如果真的這樣做，總經理的反應大概不會是開心，反而是不快：「真是沒禮貌的傢伙！輪得到你來稱讚我嗎？」

稱讚通常是「上對下」的單向進行，當稱讚發生，等於雙方隱含著「我在上，你在下」的默契。任誰都不想屈居人下，當別人以透露著「你的地位較低」這項訊息的方式來對待自己時，就容易傷及對方自尊。剛剛川卜說的那兩句話，已經無意識的讓經理感受到「你在上，我在下」這種令人不悅的感覺了。

獲得好感的讚美術

怎麼修改這樣令人不悅的表達呢？建議兩點。

一、肯定過程，而非結果

若你是要稱讚「結果」的話，在職場中，大多是主管在對下屬優異表現時候的讚美。你不是人家的主管，這種讚美很容易被誤會「你在上，我在下」，當然令對方感到不悅。

但若能「肯定過程」的話，不但不會有誤會的產生，對方還會樂意分享他怎麼做，讓你學到具體作法。例如可以說：「您這麼忙，您是怎麼抽空帶領大家讀書的呢？」、「跟您聊天真的很愉快，挖了好多寶，今天真有太有收穫了。」

你看，這樣肯定過程的說話方式，是不是完全不輸給稱讚，而且你還會因為對方願意與你分享，你還能從中學到對方經驗，更能因為傾聽深化彼此關係。

> 肯定過程的說話方式，完全不輸給稱讚。甚至因此讓對方願意與你分享，還能從中學到對方經驗，更能因為加深彼此之間的關係。

二、用我像你，非你像我

若你非要說一個人的優點與缺點的話，你會先說優點還是缺點呢？思考三秒鐘請作答。大部分的人，都是先說優點，缺點先說的比較少。

我建議，下次先說缺點，再說優點比較好。為什麼呢？因為人會受「近因效應」的影響。

什麼是近因效應？這是由美國心理學家亞伯拉罕・盧欽斯所提出，他說：「最後的印象最強烈，甚至能沖淡之前的各種印象。把好消息放在後面說，會因為近因效應的放大效果，沖掉一部份前面的壞消息。」若有一個優點、一個缺點的話，你應該先說缺點，再說優點，這樣不舒服的感覺就不會那麼明顯了，甚至還有可能因為後面說的優點印象深刻而感到開心。

舉個例子，我以前同事淑惠問我說：「我今天這樣穿好看嗎？」

我：「好看是好看，就是太胖了。」

你猜她腦中，是記住我說好看？還是記住我說太胖了呢？肯定是記得我說她太胖了！因為太胖的形容是我帶給他最近的印象，她當然很不舒服啦！那怎麼說會比較好呢？你可以這麼說。

「哇！雖然你看起來胖，但今天這樣穿看起來真的很好看耶！」後面我誇好看，就可以大大沖淡前面說她看起來胖，這樣的感覺就會讓對方感覺好很多。

> ” 若有一個優點、一個缺點的話，你應該先說缺點，再說優點，這樣不舒服的感覺就不會那麼明顯了，甚至還有可能因為後面說的優點更印象深刻而感到開心。 ”

剛剛川卜說：「你跟我一樣耶！」這樣的說法是沒有缺點優點的問題，但這樣的說法，話語中等於直接暗示對方說「你之所以這麼好，是因為你有我的優點」，這甚至比先說優點再說缺點，來得更讓對方不舒服。

未來若你碰到有媽媽牽孩子，你感覺母女很像，你說：「哇！你跟你女兒真的好像喔！」她可能會立刻糾正你說：「什麼我像她，沒有我，會有她嗎？」說話順序不同，感覺就會大不相同。

破局變現
業務王
必懂的事

決定第一印象的常常不是專業，而是有沒有禮貌。那怎樣才是一個有禮貌的表達呢？建議兩點：肯定過程，而非結果、用我像你，非你像我。

升級 05

說了半天，卻被要求「講重點！」

常言道：「太多重點，反而沒重點」，連珠炮式說那麼多資訊，其實很像放煙火一樣，看起來熱鬧非凡，卻是曇花一現。那怎麼把很多的東西，在短時間內讓對方聽懂並接受呢？時間有限的話，你就應該化繁為簡，謹守「分類」與「三重點」原則。

川卜：「對比你現在的工作，只有一種賣車收入，是很不穩定的！」

普京：「那你們會比較穩定嗎？」

川卜：「我們有很多種收入來源，例如賣保單有收入、車險續保有收入、推薦信用卡有收入、客戶辦我們的房貸有收入，收入來源很多，所以可以愈做愈輕鬆。」

普京：「嗯，聽起來是不錯！還有嗎？」

川卜：「還有呀！我們推薦基金有收入、收保費有收入、還有增員也有收入、公司行號保團保有收入、店面或住家保火險有收入，這些我們都可以做，收入來源很多，是不是很棒呢？」

普京：「嗯，是比賣車多。好！我會好好考慮的。」

當你傾囊相授，對方卻澆你冷水

川卜覺得自己一口氣講出這麼多的收入來源，肯定讓普京感覺賣車的收入實在有限，於是打鐵趁熱，決定過兩天約他來公司聽事業說明會。結果普京居然跟他說：「你好像是打雜的，什麼都要做，而且還要懂這麼多東西，光要學會，想到就頭痛。」

為什麼會這樣呢？不是普京自己問還有哪些收入的嗎？跟他說了這麼多，還被嫌棄，你可能會說：「其實是他不想做，想做的人會找方法，不想做的人只會找理由。」

的確是這樣，不過川卜熱情地說了這麼多，也難怪普京覺得像打雜的。你肯定聽過「太多重點，反而沒重點」這句話，因為連珠炮式講那麼多，其實很像放煙火一樣，看似熱鬧非凡，實則曇花一現。

川卜講了很多資訊，普京卻不記得重點在哪裡，這樣的表達，不但沒有達到說服的目的，還有可能被普京誤會，甚至被澆了一盆冷水。那怎麼把很多的東西，在短時間內讓對方聽懂並接受呢？時間有限的話，你就應該化繁為簡，謹守「分類」與「三重點」原則。

”　”

許多人的時間有限，更容易分心，你話還沒說完，對方的心思早已不在你身上；你耐心說完了，他依然聽不懂你在說什麼。因此如何把話說得精簡，就顯得很重要了。那怎麼把很多的資訊，在短時間內讓對方聽懂並接受呢？時間有限的話，你就應該化繁為簡，謹守「分類」與「三重點」原則。

”　”

分類，讓客戶快速 GET 到重點

為什麼要分類？因為不分類的話，將想要表達的東西混在一起講，對方聽起來會很累！我舉個例子，當你的朋友來到台灣拜訪，想要你介紹台灣的美食，你卻說：「很多呀！有滷肉飯、小籠包、牛肉麵……。」你的確說了很多台灣公認的美食，但是聽在朋友的耳裡，卻不知道哪個才是最好吃的。

若是可以稍加「分類」的話，聽者就會比較容易接收到重點。從「時段」來分類，你告訴朋友：「台灣的美食很多呀！早上有永和豆漿，中午帶你去吃鼎泰豐小籠包，晚上我們去吃段純真牛肉麵。」還可以分成「中西式」來講，例如：「若你喜歡中式的話，那我帶你去吃北京烤鴨；

若你喜歡西式的話，我帶你去吃西堤牛排。」是不是這樣說了之後，對方比較清楚呢？

試著想一下，你為什麼可以很快從衣櫃裡找到你要穿的衣服？是不是你早已做好分類了？長袖一個櫃、短袖一個櫃、大衣一個櫃、褲子一個櫃；說話也一樣，若要快速讓對方了解你要說的話，那你的回答就要做個簡單的分類，這樣就會跟你找衣服一樣，對方可以很快知道你想要表達的重點。

> 過多的資訊只會干擾對方思考，反而讓重點模糊，若要讓對方快速得知你要說的重點，回答就要簡單的分類。

三個重點，讓客戶留下深刻印象

頂尖的業務員，為了讓顧客留下深刻的印象，通常只說「三個重點」。人類的心智在短時間內只能消化三個「意元【註】」。《跟TED學表達，讓世界記住你》（Talk Like TED）解釋，如果繼續往上加，能記住的資訊就會愈來愈少。四項比三項難記，五項又比四項難記，一旦超過八項，多數人就會忘光光了。

前一陣子，有人問我：「講師，你以前當過大型會報的主持人，我下個月也要主持會議，有什麼該注意的嗎？」

要注意的地方太多了，若全部都講，那他也會全部忘記，所以一定要歸納成簡單的重點。「主持活動必須記住三個重點，就是『流程要順暢、時間要掌控、氣氛要營造』。」我這樣說，不僅做好了分類（流程、時間、氣氛），同時也說到重點了。

頂尖的業務員，為了讓顧客留下深刻的印象，通常只說「三個重點」。

自從當了講師之後，經常有業務員問我需要提升什麼技能？需要提升的東西很多，我也必須從中歸納，並分類成簡單的要點，方便讓聽者接受並解惑。

因此我對業務員說：「三個重點，就是提升『動力、努力、能力』。先清楚了解自己的從業動機，就有動力；再來是努力，拜訪量大才能快速累積經驗；最後是能力，不斷學新的專業、行

【註】
意元：指將資訊集合成一組的記憶單位。

銷技巧，才能愈做愈輕鬆。」這樣講是不是分類清楚，歸納成三個重點也淺顯易懂呢？

讓我們回到前面的案例，當普金問「還有嗎？」川卜應該說：「基本上有大、中、小三種收入。大收入有經營團隊的組織收入、中收入有銷售及每年服務津貼收入、小收入有每年幫顧客做產物保險的服務收入。」這樣說，你就已經做了有效的「分類」，而且不脫離「三重點」原則，聽起來就簡單、有系統多了。

當對方對其中的某一項有興趣，想要更進一步了解時，你再詳細說明即可。

破局變現
業務王
必懂的事

人的大腦每天都要接收很多資訊，也因為有自動遺忘機制，所以會把不重要的事項自動遺忘。因為如此，與其一次企圖給很多資訊，不如讓對方有系統地記住「三個重點」，這樣對比放煙火式、連珠炮將大量訊息塞進對方腦袋裡，而你能用簡單、強調、重複的方式說出論述，肯定較能讓對方印象更深刻、更強烈。

升級 06

不再陳腔濫調，七步驟讓故事深入人心

電影因為情節精采而賣座，但這是一般觀眾的觀點，你要成為優秀的說故事高手，你必須看得更深層。那要怎麼設計出一個好的故事呢？

依照七個步驟：起點、目標、逆境、轉變、突破、死而復生、新起點，就可以設計出好故事。

一場令你難忘的好電影，所有的演員都是配角，真正的主角是故事的「結構」；是故事劇情的結構設計得太棒了，所有人照著劇情結構完美演出，才有了這部史上最賣座的好電影。

好電影，真正主角是「故事結構」

一個是帥氣的窮小子，一個是美麗的富家千金，他們有著共同的目的地——紐約。

富家千金並不快樂，她奉母命被迫嫁給一個她不愛的未婚夫，因而決定跳海自殺，這一幕被窮小子看見了，並在他耐心勸說下保住了一命。之後富家千金不顧家人的反對，與窮小子陷入熱戀，卻在最幸福的時刻，他們發生了船難。

被迫與富家千金分開的窮小子，在船難的時候，富家千金不顧一切地找到了受困的窮小子，用斧頭砍斷了手銬，窮小子帶著她逃生。在船沉沒的當下，所有人都掉進了海裡，窮小子與富家千金，兩人及時抓到一塊木板，但木板只能乘載一個人。

窮小子將那塊木板讓給了富家千金，自己泡在水裡。海水極寒，凍得窮小子快要失去意識，窮小子知道自己熬不到救援，他對著富家千金說：「答應我妳會活下去，妳不會放棄，不管日後發生什麼事，不管希望有多渺茫，絕不求死，永不放棄，答應我，而且絕不食言。」

富家千金在此刻含淚答應了窮小子，強忍不捨放開窮小子的手，她目睹他沈入海底。富家千金獲救之後兌現承諾，真的結婚生子，多年以後她對子孫說出了當年的這個故事，並把當年的定情之物，丟入了沈船的位置；結束生命之後，他們在另一個世界，再次牽起彼此的手，共度白首。

這個故事，是不是很感人，又有點熟悉呢？沒錯！這就是曾經蟬聯全球賣座冠軍的「鐵達尼號」。你知道這部電影為什麼可以這麼賣座嗎？你說：「這麼緊湊的劇情，高潮迭起的故事，傑克這麼帥，蘿斯這麼美，整個過程有大災難的緊張、有愛情故事的淒美，當然賣座呀！」的確，簡單講就是故事太精采了，但這是一般觀眾的觀點，你要成為優秀的說故事高手，你必須看得更深層。

為什麼在談完如何說話之後，還要學會說故事呢？因為好的故事可以帶顧客進入情境；深入人心的故事會帶來影響、感動，還有啟發，觀念通了，你也離成交不遠了。

七步驟，呈現故事精采度

那要怎麼設計出一個好的故事呢？

許多好萊塢大片，例如《魔戒三部曲》、《哈利波特》這些經典電影，背後的故事劇情，都是採用神話學大師坎貝爾【註1】提出的「英雄之旅」結構所設計。

什麼是「英雄之旅【註2】」呢？英雄之旅有十二個基本環節，依序是：普通世界、冒險召喚、

【註1】

神話學大師坎貝爾(Joseph John Campbell)：約瑟夫．坎貝爾是二十世紀偉大的神話學大師，因其對神話的獨特解讀在西方享有盛名，他提出的「英雄之旅」的模型為人熟知，這一理論推動了西方流行文化的發展，使坎貝爾成為眾多藝術家、學者、政治家的靈魂導師。

【註2】

英雄之旅：此概念來自坎貝爾在一九四八年所著的《千面英雄》中的理論，討論了全世界神話故事的英雄旅程與其轉化過程，並從中揭露出所有故事背後都蘊含著同一原則的英雄。

拒斥召喚、遇見導師、第一次冒險、迎接挑戰、接近最深的洞穴、嚴峻考驗、獲得獎賞、返回的路、英雄復活、載譽而歸。

但這麼複雜的架構，當編劇才需要有這樣的功力，若是壽險顧問的話，我幫你簡化成七個步驟，就可以幫你設計出好故事。

七個步驟依序是：起點、目標、逆境、轉變、突破、死而復生、新起點。前面那篇鐵達尼號的故事，我就是用這七步驟的結構來描述的。

一、**起點**：故事背景介紹。

一個是年輕的窮小子，一個是美麗的富家千金。

二、**目標**：主角本來要去哪？

他們有一個共同的旅程，要搭鐵達尼號去紐約。

三、**逆境**：主角遇到的衝突點（張力）。

相愛卻被反對，甚至遇到船難。

四、**轉變**：衝突後遇到什麼轉折？

在船將沉沒的當下，蘿斯找到了傑克，傑克帶她逃生，雙雙掉進大海，所幸他們在海中找到了一塊木板。

五、突破：對困境有什麼新啓發？

木板只能乘載一個人，他將木板讓給了蘿斯，但海水極冷，幾乎奪去他的性命，傑克選擇死亡，讓蘿絲活下去。最終她強忍不捨，放手讓自己活下來。

六、死而復生：啓發之後的行動。

雖然痛苦，但她依然兌現了承諾，她結婚生子，幸福美滿。

七、新起點：行動之後的結果。

老了之後，結束生命，在另一個世界，他們再續前緣。

緊湊又高潮迭起的劇情，往往吸引住觀眾的目光，然而內行人看門道，外行看熱鬧。所謂的門道就是整個結構，所以編導設計各種磨難，最後傑克的犧牲成為電影的點睛之筆。

想成為優秀的說故事高手，我們必須看得深，結構有了對的主題，再加上細節功力，這樣如何能不讓故事更加出彩？

若用這七步驟設計一個自己從事壽險業的故事，內容結構就會是：你本來是一個什麼樣的人；原本想做什麼工作；卻遇到什麼問題；後來因緣際會接觸了保險業，有了不同以往體會、啟發；決心投入，但卻異常困難；可是不放棄，顧客慢慢轉趨認同；堅持了多年之後，現在有了什麼樣的好成績。這就是用七個步驟上，鋪成一個好故事，你最後的成功，這樣結局的翻轉就能有效激勵人心。

結構對了之後，接下來就是讓觀眾的大腦不斷上演故事的劇情畫面，這就要靠講者描述細節的功力了，懂得善用表情、眼神、肢體動作、雙簧換位等技巧，都是有效凸顯戲劇張力的方法，能讓故事更精彩的呈現。

破局變現
業務王
必懂的事

故事設計不一定要跟傳說中的英雄一樣，談論如何改變世界，只要依照「如何克服內心的恐懼，如何突破自己，採取什麼正面的行動，具體用描述的方式，在結構的點上發揮」這樣的故事設計，加以練習後即能說出最精彩、最感動人心的好故事。

升級07

遇到言語暴力，四步驟展現高EQ

凡是言語裡頭包含了「道德批判、進行比較、回避責任和強人所難」這四種內容，都算是暴力語言。

面對別人的言語暴力，首先，不要主觀給予對方評判，不論你的評價再怎麼正確，對方聽起來都像是一種批評，鮮少人會喜歡。

川卜：「經理，你還在忙？」

經理：「對，今天很忙！」

川卜：「沒關係，我待會再過來找您。」

兩小時後，川卜又到經理辦公室。

川卜：「經理，您還在忙？」

經理：「你還沒走喔？」

川卜：「對呀！等您忙完！」

經理：「你找我是要問保險的事情對嗎？」

川卜：「是的，上次您說會好好評估，今天剛好到公司幫您同仁辦理賠，我想順便過來跟您請教一下。」

經理：「你們做保險的，真是又黏又煩耶，你沒看到我很忙嗎？」

年經氣盛的川卜一聽火都來了，說：「經理，我哪裡黏？您不買可以直接說，我並沒有一定要做您的生意。」

經理：「你知道你現在是在誰的公司嗎？公司教你這樣講話的嗎？」

得罪客戶的隱形殺手

你有過這樣的情景嗎？

你會說：「有呀！就是有這種爛人，好像我們沒這筆業績會怎樣，這樣說，也難怪川卜這樣回他！」

追蹤業績，本來就是身為業務應該做的工作，只是面對這種用暴力語言對待我們的客戶，若依照本能反應回答，就很容易得罪客戶。

什麼樣的語言，算是暴力語言呢？只要是「道德批判、進行比較、回避責任和強人所難」這四種都算是暴力語言。

- **道德批判**：最簡單的辨識，就是對別人貼標籤。若是小明三天才洗一次澡，你說他就是個髒鬼，這就是貼標籤。
- **進行比較**：有些父母會對孩子說：「你看看別人家的孩子，都不會像你這樣！」
- **迴避責任**：有些人會對另一半說：「你知道我為了你，放棄多少追求者嗎？」這種忽略相愛本質的說法，也算是暴力語言。
- **強人所難**：有時候聚會的時候，有朋友拿著酒杯對你說：「你不喝，就是看不起我！」

面對別人的暴力語言，首先要做的第一件事，就是不要主觀的給予對方評判。因為評價再怎麼正確，對方聽起來都像是一種批評，鮮少人會喜歡。這一步走對了之後，再依照四大步驟提出你的訴求，就比較容易讓對方接受。

> 面對暴力語言，首先要做的就是不要主觀給予對方評判。因為評價再怎麼客觀正確，對方聽起來都像是一種批評，鮮少人會喜歡。

非暴力溝通，從覺察對方的需求開始

這四個步驟依序是，說明事實、表達感受、發現需求、提出請求。

川卜應該這麼回答：「經理，為了確保您的權益，我想趁您空檔的時候，確認一下您規劃的意願。加上今天，我一共拜訪您三次，但剛剛聽見您這麼說，我感到很難過，既然您有考慮規劃，我當然有義務確認。所以您願意有空的時候，讓我跟您討論這份保險規劃嗎？」

一、說明事實：經理對著川卜說：「你們做保險的，真是又黏又煩耶！」這句話屬於主觀判斷表述，聽起來會令人不舒服。在這個時候，不用加以反駁，但你可以讓對方知道，剛剛他說了什麼話。

川卜可以這樣說：「經理，為了確保您的權益，我想趁您空檔的時候，確認一下您規劃的意願。包含我上一次跟您的說明，加上今天，一共拜訪您三次。」這種利他而且不做任何批評的事實說法，跟經理說的又黏又煩，明顯有落差，經理不會不知道。

二、表達感受：說明對方具體的暴力語言之後，你就可以提出自己的感受，讓對方知道他剛剛的話語傷害了你。

川卜可以這樣說：「但是您剛剛那樣的說法，讓我覺得很難過。」在正常的情況下，對方會因為自己冒失的言論而感到內疚或抱歉。

三、**發現需求**：你是壽險顧問，告訴對方只要有意願考慮，你就有義務進行確認，寧願因為積極被誤會，也不要因為害怕被誤會，讓顧客陷於風險中。

川卜可以這樣說：「既然您有考慮規劃，我當然有義務確認。」確認不但是當責，更是穩定業績的表現。

四、**提出請求**：依照順序這樣說下來，對方正常是很難再趾高氣昂，這時候你應該再提出你的訴求。

川卜可以這樣說：「所以您願意有空的時候，讓我跟您討論這份保險計劃嗎？」經理在這樣有層次、又利己，加上川卜和緩的態度下，就算本來沒意願，都會變得難以拒絕；當然本來就有意願的話，成交的機會就更大了。

《非暴力溝通》一書作者馬歇爾．盧森堡【註】經過五十多年的研究，對非暴力溝通理論做了一次總結，把他的思想和對該理論的理解完整地記錄了下來。本書自出版以來一直暢銷不斷，被認為是心理學界的經典之作之一。雖然這本書是圍繞著人與人之間的關係展開，但書中關於改善個人生活的深層次內涵發人深省。這本書能夠聞名世界，正是因為它揭示了人際衝突的本質，其中關於避免暴力溝通的思想，值得每一個人學習。

破局變現業務王必懂的事

言語暴力不會留下明顯的印記，但它的傷害不亞於肢體暴力。言語的力量是很強大的，可以鼓勵你，同時也可以摧毀你，很多人不懂得如何區分界線，不知不覺地傷害了對方。

那什麼是暴力的語言呢？只要是「道德批判、進行比較、迴避責任、強人所難」都是。當我們遇到了暴力語言時，首先不正面進行評價，再依照說明事實、表達感受、發現需求、提出請求四大步驟回覆對方，展現你的高EQ。

【註】

馬歇爾・盧森堡（Marshall Rosenberg）：國際非暴力溝通中心創始人，全球首位非暴力溝通專家，以五十多年的研究實踐經驗，指導人們如何將非暴力溝通運用到職場上或生活中，消除分歧和衝突，實踐高效溝通。

升級 08

關鍵性的一刻，三十秒讓重要客戶記住你！

麥肯錫公司曾經為一家重要的大客戶做諮詢。諮詢結束的時候，項目負責人在電梯裡遇見了對方的董事長，並問項目負責人：「你能不能說一下現在的結果呢？」由於該項目負責人沒有準備，也無法利用三十秒鐘的時間把結論說清楚。最終，麥肯錫失去了這一個重要客户。

川卜透過關係承保了一家科技公司的團保，為了開拓公司裡的其他員工，每個星期他都會固定到公司駐點服務。這天他開完早會，依照排程前往該公司。

在一樓等電梯的時候，恰巧公司的董事長也在等電梯，川卜心裡想：「該怎麼跟董事長搭話呢？」與董事長四目相交，還沒想到該怎麼說，董事長就先開口問：「你是做什麼的呀？」

麥肯錫三十秒的沉痛教訓

川卜禮貌地說：「我是某某人壽的壽險顧問，董事長好！我是來公司駐點服務團險的。」

董事長：「喔！那就麻煩你了！」

進了電梯，川卜立刻問：「董事長到幾樓？」

董事長：「到十八樓！」

川卜：「好！」

電梯裡，就只有他跟董事長，川卜心想：「要見到董事長可不是天天都有的事，在不到一分鐘的時間裡，我要怎麼引起他對我的關注呢？」

你有遇過這樣的情形嗎？只有一分鐘不到，除了自我介紹，還可以說什麼讓對方印象深刻？真的不能說什麼來引起重要準客戶的關注嗎？答案是，有的！這個答案就是你必須學會「電梯演講」，這是來自美國麥肯錫公司曾經有過的一次沉痛的教訓。

該公司曾經為一家重要的大客戶做諮詢。諮詢結束的時侯，麥肯錫的項目負責人在電梯間裡遇見了對方的董事長，該董事長問麥肯錫的項目負責人：「你能不能說一下現在的結果呢？」由於該項目負責人沒有準備，也無法在電梯利用三十秒鐘的時間把結果說清楚。最終，麥肯錫失去了這一重要客戶。

從此，麥肯錫要求公司員工凡事要在最短的時間內把結果表達清楚，凡事要直奔主題、直奔結果。麥肯錫認為，一般情況下人們最多記得住第一、二、三項，記不住四、五、六項，所以凡事要歸納在三條以內。這就是如今在商界流傳甚廣的三十秒鐘電梯理論或稱電梯演講。

> 凡事要在最短的時間內把結論表達清楚，直奔主題、直奔結語。在一般情況下，人們最多只會記得住前面的第一、二、三項，記不住後面的四、五、六項，所以凡事都要歸納在三條以內。

用極少的時間撩到準客戶

更頂尖的壽險顧問，你必須學會如何做三十秒的演講，在巧遇到那種把時間顆粒像粉一般【註1】的頂級準客戶時，如何能夠快速抓住對方目光，聽你說完三十秒後，開口跟你說：「聽起來不錯，有空來我辦公室坐一下嗎？」

要怎麼說才可以讓對方在短時間內感到極高的興趣呢？這三十秒的時間就像是你拿起一把短槍，用來幹掉守衛，突破缺口潛入敵營。而這把「短槍」就是清楚告訴對方ＷＨＹ，讓對方當下覺得你的內容很重要，接著才是激起對方給你更多時間，聽你說WHAT（具體內容）和HOW（應該怎麼配合）。

具體可以分成這三段來試看看。

一、說出一個客觀性事實。

二、簡單帶過你的提供的商品（WHAT），可以帶來多大的利益（WHY）。

三、說出若該公司採用，可以帶來什麼希望。

"在三十秒內清楚告訴對方WHY，讓對方當下覺得你的內容很重要，接著才是激起對方給你更多時間，聽你說WHAT（具體內容）和HOW（應該怎麼配合）。"

【註1】

「時間顆粒度」源自於《五分鐘商學院》作者劉潤，是指一個人安排時間的基本單位。例如把時間切成顆粒的人，是全球首富比爾・蓋茲。英國電子郵報資深記者Mary Riddell說，蓋茲的行程表和美國總統類似，五分鐘是基本時間顆粒度，而一些短會，乃至與人握手，則按秒數安排。

我分享已經擬好的三十秒演講話術，供你參考。當我有一天遇到我的老東家國泰的總經理時，他若問我：「你今天來單位做什麼啊？」若是真的只有很短的時間，我就會這麼說：「總經理好，單位經理為了讓同仁更有競爭力，都會重視同仁的學習，但是有太多經理、主管，很會做，不太會教。」先提出一個客觀性事實。

「而我設計的課程，可以讓業務員在遊戲中學習，並且保證學會實用的銷售技巧。」這個課程就是一個小小的WHAT，而保證學會就是一個大大的WHY。

「如果可以讓更多業務同仁學會，那單位肯定可以省下更多時間成本，進而提升單位績效。」最後說出若該公司採用我的課程，可以為公司帶來什麼幫助。

國外賣人工智能律師的業務員，之所以讓企業高層對他們的人工智能律師感到興趣，據說就是他們的三十秒電梯演講，成功引起高層的注意，最後讓摩根大通銀行將傳統審核貸款的人工作業，改成人工智能律師服務，這套系統就叫做分析智慧軟體「COIN」【註2】。

好了，你也想在極短的時間，引起高層對你的興趣嗎？你也試著草擬一份三十秒的「電梯演講」話術吧！

破局變現
業務王
必懂的事

機會是留給準備好的人，但你真的做好準備了嗎？三十秒的時間能夠說出直奔主題、結果的談話，並瞬間讓對方產生濃厚的興趣，這就是成功的「電梯演講」。三段重點給你參考：說出一個客觀性事實，並簡單帶過你提供的商品，可以帶來多大的利益，提出若是該公司採用你的提議，可以為他們帶來什麼成果。

銷售的本質是「交換」，而電梯測驗就是你能拿什麼「價值」與顧客交換更多「時間」。核心就是「用極少的 Time，帶出極大的 WHY」。

【註2】
美國金融巨擘摩根大通（JPMorgan Chase & Co.）二〇一六年推出合約分析智慧軟體「COIN」，可代替律師以及信貸人員審查合約文件，將原本每年所耗費的處理工時約三十六萬小時，縮至短短幾秒鐘內就可完成。

Part

03

狂銷售——刷屏攻略，衝破業績天花板的營銷力

想要衝破業績天花板，首要的任務是「流量」，也是拜訪量，不但需要實體線下親訪，更要懂得網路線上拜訪；有量才有成交、才有客單價的多與大。

刷屏攻略靠的是「攻心為上」，降低對手對你打槍的機率，自然創造營銷力。

攻略 01

群發功能不是讓你傳廢話

若能透過 LINE@ 一次群發，效率肯定會比一個一個轉發好得多，不過缺點就是了無新意，對於剛建立新關係或年輕一輩的客户，他們稱這個叫做「長輩圖」，或許感受到你的關心，但太多人這樣做了，所以並沒有什麼溫度。

正恩聽完講師關於社群工具的課程覺得受益良多，了解原來 LINE@ 有免費版，而且還可以一次群發訊息，不用再一個一個轉發，「我的賴裡面有一千多人，全部邀請進來，當有新商品的時候，一次群發給他們，只要有百分之十的人購買，那我就有業績啦！太好了！」

感受不到溫度，被封鎖不意外

於是研究之後，把所有親朋好友都邀請加入自己的 LINE@ 的平台中。每天早上，一次轉發早安圖文跟所有人請安，只要一有商品訊息就立刻通知，半年後，剛好公司推一個新商品，他想一定會有人想買，於是就把商品訊息發出去，並滿心期待等人回應。

然而，理想很豐滿，現實很骨感，不但沒有人回應，被封鎖的名單卻增加了十幾位。為什麼會這樣呢？是商品人家不感興趣嗎？並不是，是因為你所給的不是魚飼料，而是「魚鉤」。

我常建議同仁運用 LINE@ 傳遞訊息，但是很多人誤解了使用 LINE@ 的目的，正確的目的是：高效傳遞、維護感情、展現專業。

> 使用群發工具的時候，要先知道正確的目的性：高效傳遞、維護感情、展現專業。

一、高效傳遞

LINE@ 工具的最大功能是「一次群發」，不用像傳統的 Line，一次只能轉發給十個人，若傳遞的人愈多，那花的時間就愈久。所以透過一次群發功能，這樣可以大大提升傳遞訊息的效率。

也因為這樣的功能，有些業務員為了節省時間，就透過此功能，把商品訊息大量傳給顧客，這樣不但違反金管會規定【註】，也因為顧客尚未感受到價值，你這樣的訊息其實很像推銷，我並不建議這種作法。

二、維護感情

隨著經營的時間愈久，你所服務的範圍就會變大，有些客戶真的離你很遠，除非理賠，或是年末送年曆，不然無法經常拜訪。因此很多同仁都會使用通訊軟體轉發早安問候圖文，或是節慶祝福、有趣的影片連結等等，這都是不錯維護感情的方法。

若能透過 LINE@ 一次群發，效率肯定會比一個一個轉發好得多，不過缺點就是了無新意，對於剛建立新關係或年輕一輩的客戶，他們稱這個叫做「長輩圖」，或許感受到你的關心，但太多人這樣做了，所以並沒有什麼溫度。

> 使用通訊軟體轉發早安問候圖文，或是節慶祝福、有趣的影片連結是維護感情的不錯方法，但若都是一次群發，對於剛建立新關係或年輕一輩的客戶，或許感受到你的關心，但太多人這樣做了，所以並沒有感受到溫度。

【註】
違反業務員自律規範第四條之一，將依業務員管理規則第十九條，按其情節輕重，予以三個月以上一年以下停止招攬行為或撤銷其業務員登錄之處分。（法源出處：「保險業招攬廣告自律規範」）

三、**展現專業**

你有一個池塘，為了享受釣魚的樂趣，所以放了很多台灣鯛的魚苗，每天傍晚下班就去餵魚飼料，日復一日，這些小魚漸漸長大，半年之後一條條碩大肥美的台灣鯛讓你好有成就感。某天的星期六下午，你站在池塘邊，甩下釣竿，在吊起魚的那一瞬間，你太開心了，覺得這半年來的飼養真的太值得了。池塘就是 LINE@、台灣鯛就是你的客戶、傍晚下班餵魚的「飼料」就是你固定輸出的「專業」。這樣細心照顧，你的魚才會又大又肥美，此刻站在岸邊釣魚才有意義。

破局變現 業務王 必懂的事

擴大流量，透過 LINE@ 確實有幫助，但保險還是一個需要「人與人」面對接觸的行業，單想要透過賴來傳遞訊息而成交，不但容易造成誤解，還可能在客戶關係的維持上踢到鐵板。所以使用群發工具的時候，要先知道正確的目的性：高效傳遞、維護感情、展現專業。顧客在你長期給予簡單易懂的專業，當他有問題需要詢問的時候，就是你收成的時候。

攻略 02

太現實！他憑什麼跟你買？

隨著從業年資漸增，客戶數肯定也愈多，而且客戶等級也可能因所繳的保費高低而有所不同；高額的客戶拜訪頻率較高，反之較低。所以對於再購率低的客戶，怎麼消弭你低頻拜訪，產生的顧客抱怨呢？

「真是難得看到你欸，買了保單之後，就見不到你兩次。」國昌的語氣略酸。

川卜：「大哥，這次是因為我們有一張儲蓄險快要停賣了，我來跟你報告一下。」

國昌心裡想著：「真是現實，只有要業績才會來找我。」你的客戶，會不會也有這樣的心情呢？

你可能會想說：「有什麼辦法，客戶這麼多，怎麼可能常常拜訪他？」

利用活動，完成你的拜訪流量

隨著從業年資漸增，客戶數肯定也愈多，而且客戶等級也可能因所繳的保費高低而有所不同；高額的客戶拜訪頻率較高，反之較低。所以對於再購率低的客戶，怎麼消弭你低頻拜訪，產生的顧客抱怨呢？

你可以透過「活動拜訪」來降低抱怨，而且還可以增加流量（拜訪量）、增加成交率。舉個我曾經發生過的例子。

「你怎麼在這邊？」突然間，有人喊住了我，但我一下子想不起來他是誰。

「對呀，帶小朋友看醫生。」我回應。

「真不好意思耶，你每次辦活動，我都沒有參加，不過，也謝謝你會想到我。」

「嗯嗯，沒關係，你想來隨時歡迎你來。」

後來我才知道他是我的客戶，因為大多轉帳繳費，我幾乎忘記有這個客戶了。不過，只要單位有舉辦活動，我一定會用簡訊發給所有的客戶，這樣客戶會感覺到我沒有忘記他；收到訊息來參加的客戶，我也可以藉由活動拜訪的方式，「一對眾」提高拜訪的流量。

> 只要單位有活動，一定會用簡訊發給所有的客戶，這樣他們會感覺到沒有被遺忘；收到訊息來參加的客戶，也可以藉由活動拜訪的方式，提高拜訪的流量。

一有活動，你就會想到我！

身為銷售必須要善盡告知的義務，客戶可以選擇不參加，但是不能不讓他知道。當他知道你所有活動，都沒有忘記他，客戶就不容易再抱怨沒有常去拜訪他的事情，而且來參加活動的客戶，通常也不會只有一個。像是年底的時候，許多單位都會舉辦「保戶尾牙感恩餐會」，客戶一來就是一兩桌，甚至更多，這樣不就大大增加你的拜訪流量了嗎？

活動乏人問津，多元創意設計了解一下

你知道最多情人節是哪一個國家嗎？答案不是台灣，是韓國【註】。這些節慶，都是掏空情侶口袋的商機。所以，若要為實體通路的拜訪增量，不能只有辦傳統的活動，你還必須有創意辦不同的活動，讓保戶呼朋引伴參加。

【註1】

在韓國，每個月的十四日都是情人節，總共十二個情人節，也因此成為世界上最多情人節的國家。

你可以依照「季節、主題、時勢」這三類來設計。

•季節：春天請保戶來喝春酒、夏天辦親子理財夏令營、秋天中秋節邀保戶來剝柚子比賽、冬天年終請保戶吃尾牙。

•主題：這裡可以依照食、衣、住、行來設計。食，可以舉辦養生講座，請醫師、營養師來講課；衣，可以請彩妝師來教婆婆媽媽化妝；住，請會計師來講房市結合理財講座；行，可以舉辦登山、健行活動。

•時勢：順應時代的變化，舉辦應景的活動。有鑑於現代很多青年人晚婚，我過去舉辦單身聯誼活動，或是現在都市叢林，到了假日許多家庭會想要讓孩子親近大自然，就可以舉辦露營活動。像是我的好友伊庭舉辦了露營活動，小小的團隊，帶了近百人一起度過一個歡樂的夜晚，因此凝聚了保戶情誼，也認識了許多新的準保戶名單。

那怎麼有創意的辦活動呢？可以記住一個心法，那就是「舊元素的新組合」，很多活動不用重新發想，只要在已知的活動中，加入新的元素、重新組合，就會產生創意。

例如我幫業務單位辦增員講座，分享當年公司如何栽培我。過程中，我用故事、見證、遊戲的方式呈現演講，有效開啟準新人想了解公司的慾望後，再請主管立刻銜接培育制度說明，這樣的組合效果極佳，這其實就是「舊元素的新組合」案例。

"不能只有辦傳統的活動，你還需要有創意，讓保戶願意呼朋引伴參加。記住一個心法：「舊元素新組合」，很多活動不用重新發想，只要在已知的活動中，加入新的元素，重新組合，就會產生創意。"

活動結束後，千萬不能遺漏客戶滿意度問卷調查，讓整場活動不只有凝聚感情的效果，還能為你帶進其他商機。

破局變現 業務王 必懂的事

個人的實體拜訪有限，若可以透過活動邀約，不僅一次增加拜訪流量，也可以讓客戶感覺到你的在乎，更能消弭因為低頻拜訪導致的抱怨。那要把活動拜訪做好具體作法有三：善盡告知義務、多元活動設計、需求問卷調查。什麼是個人拜訪？什麼是活動拜訪？你可以這樣想像：「個人拜訪就是零售，活動拜訪就是批發。」批發，才是量大的關鍵呀！

攻略 03

問卷調查聚焦理想客戶

一個活動花出去的不只是時間成本，肉痛的更是金錢成本。若一場活動只有凝聚感情的效果，那就太可惜了！所有的活動都不能偏離商業行為，只要手法高竿，客戶不但甘心把生意讓給你做，還會佩服你求新求變的用心態度。

正恩：「大哥，謝謝您一家來參加我們辦的保戶感恩尾牙活動。」

大哥：「你們辦的很好呀，又溫馨又好玩。」

正恩：「恩，希望每年你都帶家人來讓我們招待。」

大哥：「好、好！」

隔一週，正恩帶著新商品到大哥家，心想他這麼有錢，上次的活動他很滿意我們的服務，這次他應該或多或少一定存一點吧！然而，大哥卻說他也受邀去參加別家的尾牙，又買了一張保單，真的沒辦法再存了。

滿意度不代表忠誠度

正恩非常失望，心裡想著：「上次來參加我的活動，不是都說非常滿意了，但還是沒有跟我買呢？」難道滿意是騙我的嗎？

他不是騙你，只是滿意並不代表顧客忠誠。美國貝思公司曾經做過調查，表示滿意的顧客，有百分之六十五至百分之八十五會轉向購買其它公司的產品。產品質量好壞差別不大時，客戶滿意度的提高，並不導致忠誠度的提高，這就是著名的「客戶滿意度陷阱」。

> "滿意並不代表顧客忠誠。經過調查發現，表示滿意的顧客，有百分之六十五至百分之八十五會轉向購買其它公司的產品。產品質量好壞差別不大時，客戶滿意度的提高，並不代表忠誠度的提高。"

一個活動所花出去的不只是時間成本，肉痛的更是金錢成本。若一場活動只有一種凝聚感情的效果，那就太可惜了！所有的活動都不能偏離商業行為，只要手法高竿，客戶不但甘心把生意讓給你做，還會佩服你求新求變的用心態度。

高竿問卷調查這麼做！

如果不是採取商品特賣會的形式（來參加的基本上都知道會談到商品），以年終尾牙這種回饋的集客活動，若覺得談商品太過商業化，擔心客戶來年再邀約有難度的話，那透過「問卷」來蒐集顧客潛在需求，是一個很好的方式。

一個好的問卷要做到這三點：

一、字體夠大

活動現場不比教室，若字太小，燈光昏暗的場地，年紀較長的親友會看不清楚，建議用「繁體正黑」字體，「十六號字」以上大小為佳。

二、提問技巧

問卷最重要的是可以得到顧客真實的心聲，所以為了讓顧客據實以告，千萬不能問滿不滿意，你都免費邀請他了，你這樣問，他會說不滿意嗎？所以，具體應該寫下你活動中的各種元素，然後問「哪裡可以更好？」讓客戶可以複選作答。

三、蒐集需求

設計的題目必須跟你的業務有關，壽險經營的就是增員與業績，在蒐集活動改進之處後，你就要聚焦在業務本身了。建議設計三個題項，一是增員、二是保單檢視、三是儲蓄需求。

以下提供一份問卷版本，供大家參考：

活動滿意度調查

感謝您撥空填寫我們的問卷！您的寶貴意見，是我們成長的動力，謝謝您！

(1)您覺得活動哪裡可以更好？

□菜色　□流程　□主持　□表演　□時間　□具體建議：＿＿＿＿

(2)您是否充分了解你購買的保險權益？

□非常了解　□不太了解

(3)公司有金融人才培訓規劃，您是否有親友可以推薦？

□有　□沒有　□一時想不到

(4)歲末公司有特別的儲蓄專案，您是否有意願參考？

□有　□沒有　□我親友有意願

請填寫您的基本資料，若「2～4題」皆無需求，可以免填資料。

姓名：　行動：　MAIL：　LINE ID：

感謝您的填答

年　月　日

"題目必須跟業務有關，壽險經營的就是增員與業績，在蒐集活動改進之處後，就要聚焦在業務本身。"

特別提醒一點，若顧客前三題都沒有需求，可以請顧客不需具名，只要填答第一題即可，如此一來，有需求的顧客就會具名，使可依照此問卷做後續追蹤；無需求的客戶，只要蒐集活動反饋即可。

破局變現業務王必懂的事

活動是一種有效提高拜訪流量的方式，但務必與業務產生連結，只要夠高竿，並不會造成顧客反感。若非特賣會的形式，可以在活動最後用問卷來進行調查。問卷設計注意三點：字體要夠大、提問的技巧、蒐集客戶需求。

攻略 04

想賣高價商品？先學會問問題

提出的「假設」，若一樣可以解決顧客最擔心問題的話，你的專業在此刻才算是最有價值的。不同的問句有著不同的使用目的，本篇與你分享如何運用「SPIN模式問句」，更有效解決顧客問題。

「妳男朋友在妳生日的時候，都沒有任何表示，是嗎？」

「妳男朋友在妳生日都不關心妳，妳感到很難過，是嗎？」

「在妳生日這天，他都沒有任何關心，妳覺得你們的感情出了什麼問題呢？」

「妳認為，若在生日這天，他能夠表現出對妳的關心，對妳的意義是什麼呢？」

請思考一下，上面這四個問句，如果你是這個女生的話，那一個問句，你認為對妳最有幫助？

用問句解決客戶問題

是不是第四個問句？為什麼？

因為第四個問句，是一個比較快樂的問句。為什麼快樂？因為對方擔心的問題，在假設的情況下，被解決了。

用在銷售亦同。你提出的「假設」，若可以解決顧客最擔心問題的話，專業在此刻才算是最有價值的。不同的問句有著不同的使用目的，本篇與你分享如何運用「SPIN模式問句」，更有效解決顧客問題。

> 提出的「假設」問題，若可以解決顧客最擔心的部分，你的專業在此刻才算是最有價值的。

「SPIN模式問句」源自於《銷售巨人》，一本專為推銷高價位產品或大型買賣的業務員所作的書。這本書作者尼爾．瑞克門【註1】用非常科學的方式來分析銷售的行為模式，許多實證研究都打破了傳統的行銷思維，相當顛覆與震撼。我精讀了三遍以上後，深深的覺得這套有系統的「SPIN模式問句【註2】」非常適合壽險顧問用來銷售高單價的壽險商品。

SPIN問句，客戶信賴的解決問題達人

與客戶交談的時候，發現顧客只知道困難點以及不滿意，這樣無法成交高單價保單的，你必須讓他知道問題的影響，滿足自己明確性需求的好處，此刻顧客購買的機率就很大了。

本篇幫你拆解這四個問句的使用方法，以及連貫使用這四個問句的提問技巧。

一、**情境性問題**（Situation Question）：主要是找出有關客戶現有狀況的資料，根據事實進行處理。

「妳說妳男朋友在妳生日的時候，都沒有任何表示是嗎？」這是對方在訪談時，你搜集到的一種真實情況。對方可能說出許多情況，你必須精準搜集一兩樣可能是顧客最在乎的，並且在對方訴說後，你再提出確認是否屬實。

【註1】
尼爾·瑞克門（Neil Rackham）：專精於心理學研究，荷士衛研究機構的創辦人。瑞克門堪稱是成功銷售的先鋒，在改善銷售技巧的研究與分析上享有盛名。

【註2】
什麼是「SPIN模式問句」：其實是情境性問題（Situation Question）、探究性問題（Problem question）、暗示性問題（Implication question）、解決性問題（Need-payoff question）四個單詞首位字母合成詞。

這種問句除非必要，不宜超過三句以上，因為都是對方已知的問題，超過就有可能讓顧客感到不耐，所以拜訪前應該先做功課，能少問就少問。

二、**探究性問題**（Problem question）：主要是找出客戶的問題、困難點與不滿意之處。

「妳男朋友在妳生日都不關心妳，妳感到很難過，是嗎？」這是在你蒐集到真實情況之後，確認對方是否在意這種情況下，所導致某一種負面的情緒狀態。若是的話，基本上你已經為銷售奠定了一個基礎，因為顧客可能會需要你解決他在意的問題。這個問句，是讓你發現顧客的困難點或是不滿意的地方，再進一步處理。

三、**暗示性問題**（Implication question）：主要找出有關客戶問題的影響、後果或意涵，找到真正值得處理的關鍵問題。

「在妳生日這天，他都沒有任何關心，妳覺得妳們的感情出了什麼問題呢？」這麼問的原因是，你並不確定對方是否真的在乎你發現的問題，她可能會說：「在一起三年多了，是有點可惜，不過真的結束也好，我才可以接受正恩對我的愛！」表面上看起來好像很重要，但事情的真相是她心中早已有別人了。「真相」通常只有當事人最清楚，瞎猜只會瞎忙。

若對方說：「在一起三年多了，我還是很愛他的，再這樣下去，我擔心我們會沒結果。」這就表示對方真的很重視他們的關係。

若你不會區分暗示性問句的話，記住一個原則，就是你所設計的問題，對方說出來的都是負面的、不喜歡的、痛苦的，這就是「暗示性問句」。

四、解決性問題（Need-payoff question）：主要找出解決之道的價值與益處，是最有價值的問句，不但如此，還是最快樂的問句，因為你解決了對方最擔心、害怕的問題。

「妳認為，若在生日這天，他能夠表現出對妳的關心，對妳的意義是什麼呢？」這麼問的話，可以讓對方說出問題是否有必要解決，她可能說：「當然有意義呀！這樣表示他還是很在意我，他其實很好，是可以託付終身的人。」這樣的回覆就表示她不希望結束這段感情，而你若可以解決她的問題，你的辦法將顯得有價值。

> **”** 情境性問句，著重「事前蒐集」；探究性問句，著重「提問方向」；暗示性問句，著重「設計規劃」；解決性問句，著重「解決問題」。**”**

現在試著將這四個問句連貫之後提問：

妳：「妳男朋友在妳生日的時候，都沒有任何表示，是嗎？」

閨蜜：「對呀！我等他到好晚，但他連一通電話都沒打！」

妳：「妳男朋友在妳生日都不關心妳，妳感到很難過是嗎？」
閨蜜：「嗯！（點頭＋啜泣）」
妳：「在妳生日這天，他都沒有任何關心，妳覺得妳們的感情出了什麼問題呢？」
閨蜜：「在一起三年多了，我還是很愛他，再這樣下去，我擔心我們會沒結果。」
妳：「妳認為，若在生日這天，他能夠表現出對妳的關心，對妳的意義是什麼呢？」
閨蜜：「當然有意義呀！這樣表示他還很在意我；他其實很好，是可以託付終身的人。」
妳：「聽起來，妳很在意妳男朋友，你要讓他關心你的話，我建議……」

洞察需求，客戶花錢便不手軟

SPIN 模式問句，「S」可以讓你從發現顧客某些狀況；「P」發現顧客的隱藏性問題；「I」確認顧客對問題在乎的程度；「N」讓顧客說出解決問題之後的好處。按此順序提問，顧客就能清楚地透過你問題的引導，確切了解自身問題所在，以及嚴重性；一旦顧客重視了，那你等於有效洞察了顧客需求，接著要找商品來滿足就容易許多。

破局變現
業務王
必懂的事

價值的另一端，對應的是顧客願意付的價格。找不到真正的問題，就沒有處理的價值，當然就沒有顧客願意付的價格。「SPIN模式問句」可以讓你從發現狀況（情性式問句）、確認問題（探究性問句）、問題程度（暗示性問句）到解決問題（解決性問句），精準的幫助你蒐集到各個層次必要情報，當顧客真正重視問題的那一刻，你的專業將顯得有價值，商品的價格也會顯得合理化。

攻略 05

精心準備的問題像在求婚？

討論問題的嚴重性，雖然可以讓顧客更重視自身的問題，但對問題的解決於事無補；若能在暗示性問句之後，再用解決性問句的發問，讓顧客關注問題的焦點，移轉到解決之道上，任何顧客都會高興於關心的問題，可以獲得有效的解決。

普金：「您買了投資型保單，很擔心投資績效不理想是嗎？」

陳大哥：「對呀！我也沒空上網去看，都是數字，看起來很累！不過沒關係啦，當作長期投資，風險不大就當存錢吧！」

普金：「短期投資風險不大沒關係，但是長期投資，時間無法倒轉，若因為風險導致績效不佳，甚至侵蝕本金，你認為沒關係是嗎？」

陳大哥：「這當然有關係呀！」

普金：「投資的目的是希望錢來幫我們工作，但若投資的錢，因為不懂、沒空去看，結果不但沒有幫我們工作，甚至去幫別人工作，您辛苦賺的錢，等於拿去幫助財團更壯大，那不如拿來增加自己的生活品質，您說對嗎？」

陳大哥：「嗯，你說的也對。」

普金：「所以，您應該把一部分規劃，拿來做收益穩健的儲蓄險才對。」

陳大哥：「嗯，我考慮看看。」

操之過急，訂單擦肩而過

你說：「客戶不是都認同普金的提問嗎？為什麼得到的答案還是『我考慮看看』？」普金懂得用「暗示性問句」來提問，基本上已經是一個相當不錯的提問高手了！不過，若他不要操之過急，在暗示性問句之後，再接上「解決性問句」的話，那結果或許就不一樣了。

再複習一下兩個威力強大，有助於你成交的兩種提問問句。

一、暗示性問句：讓你找到真正值得處理的關鍵問題。例如，「辛苦賺的錢虧掉了，有什麼影響嗎？」、「績效不佳，甚至侵蝕本金，對你有什麼影響嗎？」這類問題是當你問了之後，通常對方說出的答案，都會有不舒服的感覺。

二、**解決性問句**：讓你確認所提出的辦法，真的能夠解決顧客真正關心的問題。例如「若是有一種方案，可以不增加預算，又可以帶來比銀行更好的收益，你會想了解嗎？」、「若是不用花時間擔心投資虧損，還能有穩健的理財收益，對你會有什麼好處呢？」這類問題是當你問了之後，通常對方說出的答案，都會有舒服、快樂的感覺。

> 暗示性問句就是提問後，對方說出的答案會比較悲觀，是他不想要的結果；解決性問句就是提問後，對方說出的答案會比較樂觀，會是他比較希望達到的結果。

看出區別了嗎？暗示性問題是以問題為中心，這類問題讓問題變得更嚴重；解決性問題是以解決之道為中心，這類問題是有關解決方案的有用性與價值。

將問題焦點轉移到解決之道

既然解決性問句，可以讓對方說出，他想要的結果，那麼把問句再套進一開始的情境看看。

普金：「投資的目的，是希望錢來幫我們工作，但若投資的錢，因為不懂、沒空去看，結果您辛苦賺的錢，拿去幫助財團更壯大，那不如拿來增加自己的生活品質，您說對嗎？」（暗示性問句）

陳大哥：「嗯，你說的也對。」

普金：「若是不用花時間擔心投資虧損，還能有穩健的理財收益，對您會有什麼好處呢？」

（解決性問句）

陳大哥：「這樣的話，我確實比較放心，而且我都快要退休了，穩穩的存錢比較安心。」

普金：「除了放心與可以穩穩的存錢之外，還有什麼幫助嗎？」（解決性問句）

陳大哥：「有呀！理財可以增加投資收益，對退休金準備有幫助。」

普金：「那我的建議規劃，應該可以幫您達成。」

發現了嗎？這樣的提問，所造成的結果，不是你在試圖解決顧客的問題，是顧客可以明確說出，解決了問題之後，可以幫自己帶來哪些好處，你再告訴顧客你的建議規劃如何幫他達成，這樣成交的機會當然大很多囉！這就是解決性問句的威力。

> ❞ 提問所造成的結果，不是你在試圖解決顧客的問題，而是顧客可以明確說出問題，解決之後，可以幫自己帶來哪些好處，你再告訴顧客你的建議規劃如何幫他達成，成交的機會自然就會提高！ ❞

討論問題的嚴重性，雖然可以讓顧客更重視自身的問題，但對問題的解決於事無補；若能在暗示性問句之後，再用解決性問句的發問，讓顧客關注問題的焦點，移轉到解決之道上，任何顧客都會高興於關心的問題，可以獲得有效的解決。

銷售便利貼

既然解決性問句如此威力強大，應該怎麼來設計與熟悉呢？我提供幾個例句供你參考使用。

「您對達到〇〇效果，你會有興趣？」

「為什麼你會覺得這樣結果是很重要的？」

「若達到這樣的結果，對你有什麼幫助呢？」

「如果⋯的話，這樣會更有幫助嗎？」

「這麼的結果，對你還會有什麼其他的幫助嗎？」

高單價銷售就像是在求婚，得精心準備

低單價的銷售與高單價銷售其實很像約會與結婚。低單價銷售就像男生約女生，若彼此感覺不錯，約會成功的機率很高；高單價銷售就像男生跟女生求婚一樣，女生會很慎重考慮清楚，才會答應求婚。

單純約會的話，男生只要拿出撩妹技巧，要順利約會就不難，可是要一個女生答應跟自己結婚的話，那就要有長時間的佈局，所以你會看到有男生精心準備非常浪漫的求婚場景。

> 解決性問句其實也很像精心準備的求婚，使用得當你就能夠一次成功拿下高單價的保單，而且也能完全符合顧客的需求，贏得好口碑。

破局變現 業務王 必懂的事

聽過中醫用語「望、聞、問、切」嗎？之所以這麼費工夫，目的只有一個，那就是對症下藥。壽險顧問何嘗不是？是商品不好賣嗎？還是我們無法找到顧客真正關心的問題呢？運用解決性問句，就能與顧客更聚焦在問題的解決之道，甚至讓顧客自己說出解決這個問題有什麼好處，說出來之後你再找商品來滿足即可。

只要顧客說出明確性需求，保費就算貴一點，顧客都能接受，因為「商品是用來滿足顧客需求的工具，保費是顧客用來交換商品應負的代價。」

攻略 06

技巧式成交，賠了夫人又折兵

當業績結帳日快要到了，卻還沒完成目標，就容易產生業績壓力，而這個壓力就有可能讓業務員「急著成交」，便試圖用「成交技巧」想快速的成交客户。但這麼做的結果，縱然你拿到了業績，但帶來的損失不只是「地位」，還有其他至少二種的損失。

司儀：「今年的新秀獎，表現最好的正恩跟川卜，我們首先歡迎川卜上台，請經理頒獎。」

接過獎項後，司儀請川卜分享可以拿到年度新人獎的關鍵。

川卜：「謝謝大家，很幸運可以獲獎，其實我的件數很少，也要跑好幾趟才能成交，我想我之所以得獎，有一個原則是我固守的，那就是中醫的『望、聞、問、切』，確切了解顧客需求後，再提供建議吧。」

司儀：「接著請正恩上台領獎，也請正恩跟我們分享他的成功關鍵。」

正恩：「謝謝大家。業務員就像一匹狼，成交的當下，一定要有狼性，心中一定要有非成功不可的企圖，當我這麼想的時候，所有成交技巧，就能適時派上用場，幫助我成交。成交後，立刻拜訪下一個顧客！這就是『贏』的關鍵。」

當正恩分享完，掌聲比川卜的掌聲更大聲兩倍，大家都被正恩這樣的企圖心與勤拜訪給激勵了。

中醫VS.狼性

你是否也有這樣的感覺呢？你說：「像川卜這樣中醫的行銷策略，那也太慢了吧！正恩的狼性，才是業務員該有的本性。」

兩種都沒錯，只是一種是「顧問式銷售」，一種是「商品式銷售」，若你享受說服顧客的感覺，那正恩絕對是你學習的對象，但若想要入選MDRT【註】的話，那川卜的作法，會更適合你。

顧問式銷售是更深入瞭解顧客，設計出符合需求的規劃，從根本解決顧客問題；商品式銷售講究保單成交，是否符合顧客需求就不一定了。

【註】百萬圓桌協會（MDRT），成立於一九二七年，壽險理財專業人士的最高組織，是一個獨立的國際協會。組織遍布世界六十九個國家，超過六萬二千名會員均是世界一流的壽險與金融服務專業人士。

想成交，先懂不成交

在學會成交技巧前，首先要學會的心態是「別急著成交」。

你說：「別急著成交？開什麼玩笑？打鐵不趁熱，鐵還打得動嗎？成交當然要快啊！」

在顧客評估、考慮的時候，是要加緊追蹤沒錯，不過有一點要請你注意，就是顧客願意花心思考慮購買商品的心態，將決定未來你在顧客心中的地位。

”顧客願意花心思考慮購買商品的心態，將決定未來你在顧客心中的地位。”

業務員都有業績結帳日，也就是必須在一定的時間內，把公司賦予的業績目標完成，才能領到除了佣金以外的業績獎金。當時間快要到了，卻沒有完成目標，就容易產生業績壓力，而這個壓力就有可能讓業務員「急著成交」，或是像正恩這樣的銷售法，試圖用「成交技巧」想快速的成交客戶。

但這麼做的結果，縱然你拿到了業績，但帶來的損失不只是「地位」，還有其他至少兩種的損失。

一、損失業績

急著簽約，死纏爛打，或許顧客真的被你的勤勉給感動，說：「真是服了你了，現在還有像你這樣的業務員？好吧！拿來我簽一簽。」你好開心，心想：「果然皇天不負苦心人，努力總算有代價。」但這種簽回來的業績別太高興，因為這可能只是顧客可動用資金的九牛一毛。

過去我經營一位牙醫，也是用這種勤勉的精神，簽了為數不少的保費回來，後來我發現，他不久又跟附近一位我認識的業務員，簽了多我好幾倍的業績，你覺得我開心嗎？

二、損失地位

顧客對於壽險顧問的心理地位分成四級，依序是：

- 權威：地位最高，通常你賣什麼，顧客就買什麼。
- 顧問：地位次之，顧客會覺得你說的很有道理。
- 業務：地位偏低，顧客會反覆比價並評估商品。
- 拉保險的：地位最低，顧客覺得不跟你殺價，對不起自己。

你覺得你在顧客心中是哪一級呢？若成交了，但在顧客心目中的地位，又下降一級，你要嗎？

„不瞭解顧客真實需求之前，若大量使用成交技巧，非常可能惹惱你的準客戶，特別是有實力的客戶。„

三、損失友誼

你可能激怒客戶，連朋友都當不成。

不瞭解顧客的真實需求之前，大量使用成交技巧，非常可能惹惱你的準客戶，特別是有水準的客戶。

舉個在《銷售巨人》所提到的國外真實案例：

業務員：「羅賓森先生，你看我們的產品簡直就是為你量身訂做的，你只要在這裡簽名就好！（假設性的成交）」

羅賓森：「等一下，我還沒有決定！」

業務員：「但是羅賓森先生，我已經向你展示過我們的機器絕對可以改善你辦公室的效率，還可以幫你省下不少的金錢和問題，所以你是否可以決定要在什麼時候運送這部機器？（假設性的成交）」

羅賓森：「我在這個星期內是不會作出決定的。」

業務員：「但是就像我曾經向你解釋過的，這個型號相當受歡迎，現在我可以馬上送一台給你，但是如果你下星期才要，就得要耽誤好幾個月了！（逼迫性的成交）」

羅賓森：「這就是我必須承擔的風險了。」

業務員：「你是否願意先試用一個月，或者在你的預算範圍內，你要馬上下訂單？（選擇性的成交）」

羅賓森：「我想把你趕出我的辦公室！你們是要自己走出去，還是要我叫警衛人員？」

上述的案例，就是業務員不瞭解顧客「明確性的需求」時，不斷採用「成交技巧」造成反效果的情形，導致連朋友都做不成。

❞ 在成交率的環節，首先要學的不是「如何成交」，而是「建立成交正確心態」。❞

從拜訪到成交，基本上有三道程序：

一、初訪：建立關係，搜集情報。

二、覆訪：建立關係，需求分析。

三、成交：遞案分析，滿足需求。

所以，在成交率這個環節，首先要學的不是「如何成交」，而是「建立成交正確心態」。

破局變現業務王必懂的事

「商品式銷售」講究速度快，用興奮的分享、熟稔的話術刺激出顧客需求，進而成交。這很好，但你也要有心理準備，可能導致三種損失「業績損失、地位損失、友誼損失」。

「顧問式銷售」講究深入顧客真實的需求，在明確性需求出現後，再給予專業建議，成交更適合顧客規劃的保單。兩種都可以，但你更喜歡哪一種呢？

攻略 07

不同商品，不同銷售方式

在顧客沒有出現「明確性需求」時，正恩又用過去推銷養樂多時的成交技巧，顧客很有可能是在沒有明確性需求，又在備感壓力的情況下成交，當然印象不好，因此拒絕正恩再訪。

早會結束前，經理對大家：「最有價值的業務員，就是可以成功把業績簽回來的業務員！服務再多，口才再好，簽不成保單，都是沒有價值的。」

剛進公司的正恩聽了，非常認同，而且看到這些業績好的人，時常被表揚，還可以到各單位分享，心裡為自己打氣：「我以前到保險公司賣養樂多，還是陌生推銷，也是賣得嚇嚇叫；現在賣保單，一樣都是賣東西，只要我把以前的推銷技巧拿來用，肯定沒問題！」

人情保不是永久的

手上拿著列好的一百個名單，正恩鬥志滿滿地積極邀約、拜訪親友，憑著交情，平均每天都有五訪以上的拜訪量，就這樣半年內，他榮登區部「件數」新人王第一名，果然他如願被獎勵、表揚，也受邀到其他單位分享。

但是半年後，他電話邀約被拒絕頻率大增、舊保戶對他的拜訪居然也很冷漠，他的業績開始一落千丈，三個月後，他就離職了。

為什麼會這樣呢？你說：「這就是把『人情保【註】』用完了呀！不懂得在成交之後索取轉介紹名單，無法透過顧客背書介紹衍生新名單，路當然就愈走愈窄啦！」

很專業的見解，但是也可能是他不懂得區分什麼是「大型銷售」與「小型銷售」正確的成交過程。

> 不懂得在成交之後索取轉介紹名單，無法透過顧客背書介紹衍生新名單，路就會愈走愈窄。

【註】人情保：業務員用舊有的人際關係，與親友交換業績的一種成交法。

明確性需求，才是高單價成交關鍵

過去，正恩賣的是養樂多，因為單價低，當顧客有「隱藏性需求」出現時，就會產生購買行為。可是正恩現在賣的是保險，屬於高單價商品，這時候顧客若只有隱藏性需求，是不易產生購買行為的。你必須再確認出顧客的「明確性需求」，才能讓顧客願意投保。

什麼是「隱藏性需求」呢？就是顧客說出的問題、困難和不滿意之處。例如：「我都不知道我保了什麼保險」、「現在銀行利息實在太低了」或「上次手術，我的保險居然沒賠」，這就是隱藏性需求。

什麼是「明確性需求」呢？就是客戶明確地說出他的需要或渴望。例如：「我想要買你們的六年期還本保單」、「我兒子出生了，我想幫他買份保單」或是「我家餐廳員工要保意外險」，這就是明確性需求。

> 「隱藏性需求」就是顧客說出的問題、困難和不滿意之處；「明確性需求」就是客戶明確地說出他的需要或渴望。

壓力下的保單，再保意願低

養樂多因為單價很低，所以稱為「小型銷售」，之所以可以成交的原因有兩個，一是因為顧客有「明確性需求」，因此購買；二是因為商品單價很低，觸動「隱藏性需求」，因此購買。簡單來說，低單價的商品可以觸動明確性需求與隱藏性需求，但高單價的商品，要是沒有觸動明確性需求就不易成交。

現在正恩賣的是保險，就是屬於高單價的商品，正恩必須學會觸動顧客「明確性需求」才有可能成交。你可能會想：「那前半年除了人情保之外，他也的確成交了其他保單，不也是觸動顧客明確性需求嗎？」這不一定，顧客很可能是在壓力下成交的。

心理學家說，壓力對心理層面所產生的影響是：「如果我要你作出一個小決定，而且對你施加壓力，對你而言，說ＹＥＳ比和我爭論要省事得多，所以對作小決定而言，壓力所產生的效果是正面的；但是對於作大決定而言就不是這麼一回事了。當決定所牽涉的範圍越大，人們對壓力的反彈就越大。」

雖說保單不是低單價的商品，但對於許多有實力的顧客而言，你覺得是高單價，對他們來說可能是低單價(你的一萬元，相當於人家的一千元)，快一點成交，對他們來說其實沒什麼壓力。但一旦金額大到讓顧客有壓力時，此刻若顧客沒有明確性需求，你又用了很多試圖成交的技巧，這時候縱然成交，你也要付出代價。

在顧客沒有出現「明確性需求」時，正恩又用過去推銷養樂多時的成交技巧，顧客很有可能是在沒有明確性需求，又在備感壓力的情況下成交，當然印象不好，因此拒絕正恩再訪。

> 對小決定而言，壓力所產生的效果是正面的；但是對於大決定而言就不是這麼一回事了。當決定所牽涉的範圍越大，人們對壓力的反彈就越大。

三種情況下，沒用的成交技巧

在三種情況下，不適合大量的使用成交技巧：

- 銷售高單價產品時，例如保險。
- 接觸的客戶知識水平較高，例如菁英人士（企業家、醫師、律師、會計師）。
- 需要與成交後的顧客進行持續服務關係時。

破局變現
業務王
必懂的事

不同類型的商品，有著不同的銷售過程。低單價商品，可以在顧客有隱藏性需求時，可以用熟捻的成交技巧成交；高單價商品，除了探究隱藏性需求外，還要有明確性需求，這樣就算不用成交技巧，也能在顧客深刻感覺有需要買保單，自動願意付錢請你賣給他。

攻略 08

不練習，學再多也不會變成技巧

「做保險幾十年了，什麼課沒有上過？不是老師教不好，是回來之後忘得快，沒多久就都還給老師了。」這樣的經驗許多人都有，除了沒有將所學拿來用，還有一個很重要的因素，導致「學習無用論」結果，讓很多人捨本逐末改信「經驗論」。

正恩：「連續兩個月業績表現都不好，你不是有花錢去上課嗎？」

川卜：「嗯嗯，當下聽真的很有用，但是老師教的好像不適合我！」

正恩：「還好我沒去，保險就是多拜訪就有業績了啦！哪有一定要上什麼課。」

上課很激動、故事很感動、回家一動也不動！妳說：「做保險幾十年了，什麼課沒有上過？不是老師教不好，是回來之後忘得快，沒多久就都還給老師了。」這樣的經驗許多人都有，除了沒有將所學拿來用，還有一個很重要的因素，導致「學習無用論」結果，讓很多人捨本逐末改信「經驗論」。

沒有熟練之技能，只能叫知識

那怎麼辦呢？首先我們需要將知識與技能做區隔。什麼是知識？知識的定義非常多，簡單來說，就是對某個主題確信的認識，是人類理解與學習的結果。

什麼是技能？運用知識和經驗執行一定活動的能力叫技能。通過反覆練習達到迅速、精確、運用自如的技能叫熟練，也叫技巧。

技能不可能不透過練習就可以純熟的，不然練習、複習就無意義了。也就是說，沒有熟練之前的技能，都只能叫做知識。

有研究指出，跟專家學高爾夫球之後，最近一次打球的成績，往往比過去的成績還要差。因為新的技巧尚未純熟，所以導致成績不如以往。

就好像換開一台跑車，雖然扭力、馬力都大，但是在不熟練之前，你不敢開太快，所以當下的速度，可能比你以前開的車還慢。導致你買的那台跑車，因為速度不如舊車，你就丟在車庫，又回去開舊車一樣。

SPIN模式問句的提出者瑞克門說：「兩百名向專家學習高爾夫球的人，他們第二回合是否都打得比第一回合好。結果有一百五十七人回答，上完課後的成績比上課前差。」這種結果，我稱為「學習陣痛期」，沒有熬過去的話，那透過上課所學習的新技能，就容易被荒廢。

> 知識是人類理解與學習的結果；技巧是將所學知識透過反覆練習，達到可以運用自如的能力。技巧不是無中生有的，沒有熟練之前的技能，只能叫做知識。

四大原則，知識轉技能

那如何能將所學知識變成技能呢？除了老生常談的練習之外，與你分享四大原則，幫助你將所學轉化成技能。

原則一：挑選一種對你最有利的技巧，熟練它

在前篇提到的四種提問技巧，如何自由運用呢？先不提這些，你應該做的是，先熟悉其中一種問句。

在每次拜訪客戶時，先挑一種問句，例如「情境式問句」，你試著與客戶的互動提問，事後回想，你是否能確定剛剛的問題是情境式問句？若是每次拜訪客戶都能精準判斷並使用，這個提問技巧，才算成為你的技能，你方能再選下一個問句，納入你每次的拜訪中，依此循環把不熟變熟練，把知識變技能。

原則二：新技巧，最少要演練三次以上

課堂上，每次看學員實戰練習的時候，底下觀戰的學員常常笑的東倒西歪，為什麼呢？因為拙劣的表現就是笑點，更是銷售的失敗點。帶著這樣笨拙的技巧去銷售，真的很容易失敗，而挫敗的經驗也很容易讓人放棄熟悉新技巧。

為了降低笨拙的表現，我建議至少將新技巧練習三次以上。只要願意出征前多練習，練習會讓大腦產生新的迴路，次數夠多就能變成無意識的反射動作。當正式面對客戶緊張時，反射動作就能幫你彌補因為緊張所導致的失常表現。

”拙劣的表現是笑點，更是銷售的失敗點。帶著這樣笨拙的技巧去銷售，真的很容易失敗，而挫敗的經驗也很容易讓人放棄熟悉新技巧。”

原則三：不要管好不好，先管多不多

這點最重要，請先求量，再求質。過去許多老師教學生，教導的方式常常就是先求質，再求量。也就是先學好基礎再學進階，這不是不對，只是就許多的研究表示，沒有把基礎學好，並不代表一定不能把學問學好。

例如學英文就是如此，老師總要學生把發音、文法練好，不好就要學生不斷重複，直到純熟。但後來有許多的老師教英文，不會糾結學生文法、例句講得正不正確，要求的是讓學生說出口。他們發現，只要願意講、多說，這樣學習的速度不但更快，還能培養出學生的自信心，之後再來調整文法、發音，這比先求質，再求量的效果好得多。

技巧也一樣，請不用糾結於每次拜訪時，技巧用的好不好，而是技巧用得多不多。只要用得夠多，你自然就會微調你的技巧，直到純熟。

> 不用糾結於每次技巧用的好不好，而是技巧用得多不多。只要用得夠多，你自然就會微調你的技巧，直到純熟。

原則四：新跑車，請選寬敞、無人的道路試開

什麼意思呢？你想想，若你買了一台新跑車，新車上路就選擇在車多的高速公路上試開，雖然拉風，但這時一台小牛從旁邊呼嘯而過，你能鎮定嗎？衝動之下，油門一踩，你也飆上去，瞬間的高速讓你緊張，更可怕的是在高速下，不熟的車況可能導致失控，不是很危險嗎？

不熟悉新技巧，就像開新跑車，不要在人多車多的地方試車，新技巧也不要在重要的客戶、場合中嘗試，選擇客戶分類中C、D級【註】的客戶來練習，就算搞砸了，也不會也太大的損失。

破局變現
業務王
必懂的事

學習新技能，就是一種蛻變、一種效率、一種態度。蛻變是因為舊技能變新技能的優化；效率是因為技能優化讓目標更快達成；態度是因為不斷更新才能符合趨勢。學習新技能是如此重要，但卻困難重重。如何熟練呢？四大原則供你參考：挑選一種技巧熟練它、新技巧最少要演練三次以上、先求量再求好、避免在重要客戶前練習新技巧。

【註】
A級為待確認成交的客戶；B級為可遞案說明的客戶；C級為初次拜訪的客戶；D級則為尚待建立關係的客戶。

Part

04

微服務——破局洞見，透視小細節的不敗門道

「養客」三個層次——顧客關係、朋友關係、夥伴關係，懂得運用分潤概念緊扣銷售網中的每一個人，自然能把餅做得更大。

破局洞見，就能夠在小細節中發掘讓自己屹立不敗的門道！

洞見 01

養客為尊，合力把餅越做越大

關於保險業，想在有限時間內拿出好成績，以「VIP高保費顧客」為優先拜訪名單，這點絕對是沒有錯的，錯的是訴求方式不對。若是完全站在自己的利益訴求，與顧客的利益幾乎無關，當關係不夠深的時候，就會具有風險！

鎖定VIP高保費顧客，重點在訴求

又到了一年一度的海外旅遊競賽，今年標準放寬而且獎金豐厚，令川卜滿心期待，也準備好大顯身手，立志要用好業績達到獎勵標準。

他心想：「這次若是想要脫穎而出，勢必要有幾件高額的業績來支撐，那要能買高額保單的，肯定是有錢的客戶，必須把名單仔細分類一下。」

接著川卜將年繳超過五十萬保費的客戶，全部列出來，排定了行程要再向這些客戶再訴求。第一位鎖定的就是做汽車旅館的陳董，一年繳了兩百多萬保費，是個很好的目標。

川卜：「陳董，我們一年一度的海外旅遊又要開始了，去年因為有你這個大貴人的幫忙，我才能順利入圍，今年我也超想去的，所以來拜訪您。」

陳董：「你們保險公司，哪一年沒有在比賽？若你每年這個時候都來，那我哪有這麼多錢跟你保保險呀？」

川卜：「陳董，你太客氣了，你事業這麼成功，賺的錢也不可能都花掉，您存銀行的錢，其實只要轉存我們公司，利息也會比較高，而且不管多少，對我都是很大的幫助。」

陳董：「唉！川卜，我很想跟你說，你想免費招待去國外旅遊，到底關我什麼事呀？這個星期，已經有三個做保險的來找我，都說比賽要我幫忙他，老實說，我真的有點煩耶！」

川卜聽了回答，一時之間也不知道該說什麼，然後悻悻然離去。

以上這段案例，正是過去經營保險事業的時候，我的高額顧客曾對我說過的話，事隔多年依然言猶在耳。你可能會說：「哇！我也曾經這樣對顧客訴求過，但顧客卻沒有這樣對我說！」雖然沒有，但他們的心裡可能有，只是沒有說出來而已！

關於保險業，想在有限時間內拿出好成績，可能會以「VIP 高保費顧客」為優先拜訪名單，這點絕對是沒有錯的，錯的是訴求方式不對，以上這樣的訴求，完全站在自己的利益為出發，與顧客的利益幾乎無關，當關係不夠深的時候，就會具有風險！

> 以「VIP高保費顧客」為優先拜訪名單，重點還是得放在顧客的利益上來討論，才是好的訴求。

顧客、朋友、夥伴，養客三層次

這裡想要分享「養客」的三個關係層次，正是——顧客關係、朋友關係、夥伴關係。

・第一層「顧客關係」：能購買產品或買更多產品的人（本質是買更多）

在這層關係底下，著重的是以「交易」為導向，也就是讓顧客感覺商品能夠滿足自身的需求，商品若能物美價廉，那麼購買的機率就會更大。

如何讓顧客不只想買，還買更多呢？通路與行銷絕對不可或缺。

業務員的通路有三種，一是自行列名單，一一親自拜訪；二是透過辦活動，匯集人流，一對眾的拜訪；三是透過親朋好友或是外圍組織（副業兼差者）幫忙轉介紹。

那麼行銷又是什麼?行銷與推銷不一樣,推銷比較屬於單一行為,行銷則需經過通盤考量,一般業務員較不懂行銷,多以推銷為主。推銷方式又多以「用通知代替推銷」方式來讓顧客瞭解商品,進而達到評估商品的目的。所以公司會訓練業務員熟練商品話術,藉此刺激顧客的購買慾望,進而成交。

所以,怎麼讓顧客買或買更「多」呢?三種通路都要發動,在銷售策略上若無法低價促銷,那增加附加價值也行。例如某一段時間買保險,就送出特別的贈品,或是招待旅遊之類的。通路與銷售策略都能讓顧客買或買更多。

- 第二層「朋友關係」:能認同你並持續向你消費的人(本質是買更久)

在這層關係底下,著重的是以「關係」為導向,在顧客購買的過程中,運用感動服務的精神,深化與顧客的關係,讓消費者變成你的朋友。如此一來,當他有需要的時候,自然就會回購。

因為你與顧客變朋友時,一般業務員用通路宣傳與銷售策略,讓對方得知商品訊息,一旦想購買,這時候朋友很可能會向你打聽,此刻若你可以給出類似優惠或加值服務,成交機率就會大大提升。也就是說,與顧客關係停留在第一層的話,業務員要付出兩種成本,通路與商品優惠成本,而你只需要一種成本,也就是優惠成本。對方做球,你來殺球。

所以,怎麼讓顧客買或買更「久」呢?必須深化與顧客的關係,讓顧客變成你的朋友。

❝當你與顧客變朋友時，對方做球，你來殺球，自然帶動成交率與回購率。❞

・第三層「夥伴關係」：能一起合作賣出更多產品的人（本質是做更大）

在這層關係底下，著重的是以「合作」為導向的，業務員的工作除了銷售，就是發展組織，就算不想當團隊領導人，也可以運用這一層關係，把餅做得更大。

意思就是，懂得運用「分潤」概念【註1】，來緊扣銷售網中的每一個人。若是消費的過程中，還有分潤的機制，那麼有誰不要更便宜又有賺錢的機會呢？我曾經與台中的一位奇能經理聊過，他說：「我不用組織利益要同仁增員，我用的概念是『市場佔領』！」沒錯，他所運用的正是這個概念。

❝多一張證照，就多一個人幫你開口，自然能更輕鬆把業績的餅做得更大！❞

若你能夠在每一次的拜訪，不是開口增員，而是要顧客可以更便宜的購買保險，甚至名正言順的拿到轉介紹利益，用這樣的方式鼓勵顧客考證照，完全以顧客利益為導向的訴求，將大大激勵顧客考照的動力。

只要多一位考取了證照，以後不但不用退佣金，該家族市場也幾乎被你佔領了，不是嗎？顧客對商品的滿意度，正是消費行為的基礎，若要顧客長期向你購買，應該深化的不是大量的通路宣傳與優惠策略，而是深化與顧客的關係。

淺薄的顧客關係，背後都需付出大量的成本，唯有深化顧客的關係，顧客就會願意幫你介紹，甚至長期向你消費。

所以，怎麼讓事業做得「更大」？《禮記．大學篇》【註2】有句話說得好：「財散則民聚」這就是分潤的概念。每一次拜訪時，用批發、兼差的方式訴求顧客考證照，多一張證照，就多一個人幫你開口，自然能更輕鬆把業績的餅做得更大！

【註1】
分潤：分配利潤、分享利益，英文可以說 revenue share，也就是指抽成、拆帳、互利的意思。
【註2】
《大學》原是《禮記》第四十二篇，也是儒學經典《四書》之一，根據推測為孔子及其門徒留下來的遺著，全書融合了倫理、哲學、政治為一體，闡述個人修養與社會政治的關係。

破局變現 業務王 必懂的事

關係的不同，將影響不同的成本與獲益。

第一層「顧客關係」成本重，關係淺，顧客忠誠度不高；第二層「朋友關係」成本次之，關係深，顧客忠誠度提昇；第三層「夥伴關係」成本一開始重，但關係一般，顧客不是對你忠誠，將是對自己的利益忠誠，因此你也能把餅變大！

洞見 02

沒有最好的客戶，只有最好的服務

什麼樣的服務，可以把客戶的「心」留下？
首先，必須先知道顧客的心，到底在想什麼？行銷學之父——菲力普・科特勒曾說：「當前行銷的重點是，如何做好顧客的期望管理！」也就是如何透過服務，滿足顧客的期望。

從前有個國王，非常節儉，除非是必要開銷，他都會把薪水存下來。

某一年，侵略者來犯，但保衛國家的軍隊剛好派駐在外，而且軍隊裡士氣低落，並沒有很積極想趕回國捍衛國土。

因為國家並沒有按時發放軍餉，導致士兵們根本不想貢獻心力保衛國家。

成全自身王位，委屈了戰前將士

國難當前，大臣們向國王建議，國庫的錢不夠支付積欠許久的軍餉，希望國王可以拿自己的私房錢來幫忙。

國王一聽要拿自己的私房錢，立刻說：「我哪有錢？」不但不自己出錢，還要大臣一起捐錢。大臣們見國王下令，最後東湊西湊才募得了一些錢。

可是這些士兵早已對自己國家失去信心，之後反而投靠了侵略者，最後導致國家滅亡。侵略者後來清算了國王的存款，發現國王的存款居然是當初積欠軍餉的數十倍。

,, 服務不好，不只直接影響公司獲利能力，連帶使公司倒閉，最後當然也會「覆巢之下無完卵」。 ,,

你說：「真的有這麼笨的國王嗎？萬一被滅國，不要說錢沒了，命都可能丟了！」歷史上還真是有的，這個國王講的就是明思宗崇禎皇帝──朱由檢，完全印驗了「覆巢之下無完卵」！

為什麼服務這麼重要呢？服務不好，直接影響公司的獲利能力，公司最後不賺錢倒閉了，是不是連自己都無法倖免於難！

好服務，把心留下

根據美國行銷獲利策略影響的研究，針對三千家供應商調查報告顯示，若是所提供的服務，是競爭對手中的佼佼者的話，相同的商品，可以多收百分之九至十的費用，更可以比服務不良的公司，多出百分之十二的利潤。

意思是說，服務做得好，商品賣得比競爭者貴百分之九至十的客戶，也可以接受，加上因為服務好，而多出來百分之十二的利潤，是不是來回就多出了近百分之二十的獲利呢？

> 好的服務可以幫公司帶來利潤，反之則會危害公司運營。

到底什麼樣的服務，可以把客戶的「心」留下？

首先，必須先知道顧客的心到底在想什麼？行銷學之父——菲力普．科特勒（Philip Kotler）【註1】曾說：「當前行銷的重點是，如何做好顧客的期望管理！」也就是如何透過服務，超越顧客的期望。

超越顧客期待是理想，但沒有「基本服務」一切遑論。而最基本的服務就是「不要得罪客戶」。

不得罪客戶，好壞都一樣

顧客付錢，我們就把顧客的服務做好，這本來就應該，難就難在當你遇到奧客的時候，如何處之泰然。

怎麼把情緒管理做好，方法很多，首先你必須知道，得罪了顧客，會付出什麼代價。

> 做好顧客服務的事，本就應該，難就難在遇到奧客的時候，如何處之泰然。

金氏紀錄的銷售大王——喬．吉拉德，曾在十五年的汽車推銷生涯中賣出一萬三千零一部車，創立了一條「二五〇定律」，意思是說，每位顧客的背後大約站著二百五十個人，例如同事、鄰居、親戚、朋友等。

【註1】
菲力普．科特勒（Philip Kotler）：生於一九三七年，現代營銷集大成者，曾任IBM、美國銀行、奇異公司、可口可樂與摩托羅拉等多家大型企業顧問，《華爾街日報》評為最具影響力的頂尖商業思想家之一，《金融時報》評為前十大商業思想家之一，被譽為現代營銷學之父。

如果一位業務員在年初的一個星期裡見到五十個人，其中只要有兩個顧客對他的態度感到不愉快，到了年底，由於連鎖影響就可就高達五千個人，不願意和這個業務員打交道，他們知道一件事，就是不要跟這個人做生意。

這就是喬的二五〇定律。由此，喬得出結論，在任何情況下，都不要得罪，哪怕只有一個顧客。

在喬的推銷生涯中，每天都將二五〇定律牢記在心，抱定生意至上的態度，時刻控制著自己的情緒，不因顧客的刁難，或是不喜歡對方，或自己情緒不佳等原因而怠慢顧客。

> **趕走一個顧客，等於趕走了潛在的二百五十個顧客，這是金氏紀錄的銷售大王——喬・吉拉德的金律。**

喬說得好：「只要趕走一個顧客，就等於趕走了潛在的二百五十個顧客。」《服務聖經101》【註2】一書也說：「開發一個新客戶要比維持舊客戶更為困難，但是得罪一個舊客戶，卻可能讓潛在的顧客怯步。」你看，得罪顧客的代價真的好大。

服務必須做好的其中一個重要原因，就是直接影響公司獲利。

公司不賺錢，倒閉了，員工就得另謀高就了。雖然我們不是受薪階級，但有了公司的品牌信譽的保證，更有利於往後行銷，加上各種福利制度的保障，更是安心奮鬥的原因。

破局變現業務王必懂的事

激烈的競爭下，如何擄獲顧客的心？就必須做好顧客的期望管理。超越顧客期待是境界，但先把「基本」做好，而基本服務，首先就是不得罪顧客，並能盡全力滿足顧客需求。

【註 2】《服務聖經 101》：芮妮．伊凡森（Renee Evenson）所著，擁有三十年客戶服務管理界，十五年貝爾南方電信公司客服經理的經歷。

洞見 03

別被自作聰明給蒙蔽了！

你覺得應該知道的事，就是有些人會不知道。因此，身為一個優秀的壽險顧問，若能了解「達克效應」，自然更能體恤顧客心理。當與顧客訴求衝突的時候，較能委婉與顧客解說。不過，這還不夠，還要從抱怨或失敗中，深思檢討優化你的服務，不讓同樣的過錯再度發生。

關於保險理賠，遇到連一般常識都沒有的客戶，也不要覺得奇怪，在學理上這其實稱之為「達克效應」。

什麼是達克效應【註 1】？就是「我們很有可能不知道自己不知道某些事」，這個驚人理論的

【註 1】

達克效應（D-K effect）：因為欠缺自知之明，所導致的自我膨脹，意指一個人若是具有認知偏差，或是能力上有所欠缺，不自覺產生出一種虛幻的自我優越感，誤以為自己比起他人懂得更多、更加優秀。

發現者，甚至還獲得了二〇〇一年的另類諾貝爾心理學獎！

保險不是各個病痛都能賠？

普金：「大哥您好，您怎麼了，為什麼要申請理賠？」

大哥：「前幾天，晚上忽然肚子痛，結果是腸胃炎，在急診室住了一晚，我想到上個月有跟你買意外險，因此想要申請理賠。」

普金：「腸胃炎住院喔！可是您買的是意外險，不能申請理賠呀！」

大哥：「為什麼不能申請？我也是忽然腸胃炎呀！生病本來就在意料之外，這不算是意外嗎？」

普金：「大哥！話不能這麼說，保險條款有規定，不是您認為可以賠就賠，這樣您懂嗎？」

大哥：「我就是不懂，才問你呀！啊，那買保險有什麼用！買了都不能賠……」

普金心想：「怎麼會有這麼笨的客戶呢？連這種普通的常識都不懂？」

你遇過或聽過這樣的客戶嗎？你說：「當然有呀！一樣米養百樣人，什麼客人都有！反正客戶繳了錢，只要發生事情，不賠都有話說。」將心比心一下，若是我們自己遇到事故，保險理賠卻在不賠與除外的範圍內，也肯定不開心。

講個有趣的故事給你聽，一九九五年四月的某一天，位於匹茲堡的兩家銀行遭到搶劫，而且搶劫犯竟是同一個人。

最讓人感到費解的是，搶劫過程中，這個人沒有任何偽裝，包括面罩、蒙面絲襪都沒有。警方當然很快就靠著監視器影像抓到了人，被逮捕時，他竟然露出一副不可置信的表情：「你們怎麼能這麼快找到我，我可是在臉上塗滿了檸檬汁啊！」

原來，這個搶劫犯無意中知道了一條「天大的秘密」，用檸檬汁在紙上書寫出文字，等檸檬汁乾了之後，這些文字就會自動隱匿了，只有再次加熱的時候，字跡才會在紙上再次顯現出來。所以他想，把檸檬汁抹在自己的臉上，那麼就能將臉隱藏於無形了，監視器自然拍不到他的臉！於是，就在光天化日之下搶了銀行。

這個故事的主角，當年果然就登上了「世界最愚蠢罪犯」的榜單！

> 世界上很少有人會認真承認自己的愚昧，更多的是，自以為自己聰明過人！

避免達克效應，先感謝再道歉

你覺得應該知道的事，就是有些人會不知道。

因此，身為一個優秀的壽險顧問，若能了解「達克效應」，自然更能體恤顧客心理。當與顧客訴求衝突的時候，較能委婉與顧客解說。不過，這還不夠，還要從抱怨或失敗中，深思檢討優化你的服務，不讓同樣的過錯再度發生。

未來，遇到這類型顧客應該先怎麼說呢？《客訴這樣回，顧客變常客》書中曾說：「對於常識淺薄型的客戶，『應對重點』是『仔細聆聽顧客要求』，『重要技巧』是『強調感謝及道歉之後，再仔細說明。』」也就是先虛心傾聽顧客，回覆說明之前，先感謝，再道歉，最後再來好好地說。

假使再有一次機會的話，前段故事中的普金應該怎麼說呢？

普金：「大哥您好，您怎麼了，為什麼要申請理賠？」

大哥：「前幾天，晚上忽然肚子痛，結果是腸胃炎，在急診室住了一晚，我想到上個月有跟你買意外險，我想申請理賠。」

普金：「嗯，那現在怎麼樣了呢？」

大哥：「比較好了。」

普金：「沒事就好，身體健康最重要。大哥，上次您買的是意外險，但是您是生病住院，這次可能不能賠喔！」

大哥：「為什麼不能申請？我也是忽然腸胃炎呀！生病本來就在我意料之外，這不是意外嗎？」

普金：「恩，真的很抱歉，您所買的意外險，若是外在因素所造成的事故，就可以理賠，由內在病因性造成的生病住院，您的意外險則是沒辦法申請的喔。」

好！若是這樣說，對比一開始，普金這次先仔細聆聽，然後關心病況，先致歉之後，不做任何批評，就意外險與醫療險的理賠作出說明，再說明不能給付，您覺得會不會讓顧客感覺好一點呢？

> 處理需求，先仔細聆聽，不做批評，給予關心、感謝和道歉，顧客就能變常客。

遇到明理的客戶，通常這樣說大都能夠被接受；假使遇到無理取鬧的顧客，有時候也會讓人相當挫敗。挫敗若只帶給你生氣、難過，這個挫敗自然沒有意義，應該學學華特曼（Lewis Edson Waterman），我帶你看他的故事！

解決問題，優化結果

華特曼（Lewis Edson Waterman）【註2】出生於一八三七年的紐約迪凱特（Decatur），後來從事保險經紀工作，某天談成了一份金額很大的合約，正興高采烈的把申請書拿去給客戶簽名時，沾墨的羽毛筆竟然漏墨，而把申請書給弄髒了。

華特曼只好回去重打文件，卻因競爭過於激烈的保險業，在這個短短的空窗時間，被另一位同行捷足先登搶走合約，這場意外插曲，令他痛下決心要做出一支可控制墨水量的筆。

為了解決漏墨問題，他嘗試許多方法，用了三年時間，經過多次實驗，最後決定用毛細吸管的原理，讓筆不但能當成提供墨水的渠道，終於在一八八四年發明了鋼筆，成為全世界人類書寫的工具，之後也不用再賣保險了，因為賣筆的收入早就遠遠超過賣保險了！

這個故事就是典型的在失敗之後，沒有漠視失敗，反而痛定思痛反省自己，並思考如何不讓同樣的錯誤再發生，結果不但解決了自己的問題，還讓自己找到了更棒的商機。

【註2】
華特曼（Lewis Edson Waterman）：一八三七年出生的美國人，曾擔任保險經紀人，後來成為鋼筆的發明者，被尊稱為世界鋼筆之父。現今發展成全球暢銷的鋼筆品牌，仍與派克公司和萬寶龍公司形成鼎足而立之勢，成為三大公司之一。

遇到顧客無理的抱怨也一樣，除了用對方法處理抱怨，更要讓該次經驗更有價值，也就是能在經驗中，思考是否有更好的處理辦法，將作法再升級、優化，才能成為A+的行銷高手。

破局變現 業務王 必懂的事

顧客的抱怨，或是你的失敗，其實也是一個反省的好機會，沒有顧客抱怨、沒有失敗，或許是顧客正在默默的離開你，甚至是你正在醞釀失敗。專家就一定是贏家嗎？不一定，無法體恤顧客感受，不知道把握機會，檢討、升級優化的專家，遲早變輸家。

洞見 04

關鍵細節，正是勝出主因！

我常說：「教育的成本很貴，但教訓的代價更大！」若是服務不周詳，不僅導致失去生意機會，還會導致顧客抱怨，損失口碑，那才嚴重。

不只是把顧客帶進門，還要能留住人！

川卜今天當值日生，除了接待到單位來的顧客，當然還要接聽電話。一通電話打進來，響了好久，這時川卜剛好在洗手間，忘了請同事代接。回來後，電話持續響起，於是立刻接起來：「喂！你好，請問找哪位？」

客戶：「我找菜英文小姐。」

川卜：「喔！好！她在樓上，我幫你轉接。」按了代碼轉接之後，就掛上電話。

教育成本貴，但教訓代價更大

接完這通電話之後，整天都好安靜，心想：「真是清閒的一天。」

直到快要下班，準備換下背心時，客戶怒氣沖沖跑進單位：「我今天早上打電話進來找菜英文，響了好久才接，說要幫我轉接，結果沒人接；後來我又打了好多通電話，卻打不通了，你們是怎麼搞的呀？」

川卜一看不得了，原來是電話沒有掛好，所以好多人打不進來。

你也碰過類似情形嗎？你可能會說：「這川卜也太不細心了吧！電話有沒有掛好也沒確認，萬一總公司打電話進來，卻怎麼也打不通，可要害經理被罵了。」

業務員的天命，本來就是在外面衝鋒陷陣，對於這樣的行政工作，真的難免不熟悉，但若每個業務員都是這樣想，那營業單位經理，就可能真的被K了。

我常說：「教育的成本很貴，但教訓的代價更大！」或許你不是單位經理，但你絕對是「自己」這家公司獨一無二的負責人。這是我過去實際發生的案例，因為服務不周詳，不僅失去生意機會，更導致顧客抱怨，損失的口碑，才是最嚴重的事情。

> ,, 只會帶進客戶，卻不會留住顧客，絕對稱不上一個優秀的業務員。 ,,

關鍵細節，就在一問一答之間

如何把服務做好，甚至做到令顧客充滿感動？帶你看看現在的電信公司，如何做到這一點。

你打過客戶服務電話嗎？最討厭什麼情況？以下這些情形，可能會讓人惱火？

□電話很難打通。

□必須要用市內電話打。

□打通之後，還要驗明正身。

□問問題還要轉接其他窗口，轉到其他窗口的時候，還斷線？

□沒有斷線的話，問完問題之後，他會說盡快幫你處理，結果在線上一等等好久。

□電話掛了後，等了許久都沒來處理！

□你再打電話去跟對方反應，結果客服人員說：「是哪一位、幾號的客服人員給您的回覆呢？」結果你說：「我沒有問！」客服說：「那您要重新申請。」這時候是不是覺得快瘋了！

這是以前遇到的真實案例，但自從電信民營化之後，許多公家機關的效率都有了大大的提升，以中華電信為例，真心感受到它們在客戶服務上進步非常多。

有次，我需要申請一個電子郵件信箱，他們的服務就讓我相當滿意。

當我打去的時候，一開始接通是電話自動回覆：「中華電信客服中心您好，國語服務請按一、台語服務請按二。」

「為了可以確保溝通以及提升服務品質，我們將在這次服務之後，三十分鐘內，將主動致電給您，誠懇的期盼您給予意見評分，同意請按一，不同意請按二。」

「為確保及維護雙方權益，以下的對話將進行錄音。」

為了節省人力與提升服務效率，這樣是合理的設定路徑，接通之後，他們還會有幾個數字選項，有些問題，數字按鍵預設的回答就可以直接解決我們的問題。但我想要跟真人對話，所以直接按九，轉接客服人員接聽。

可能礙於客服人員的人力，我聽到：「現在都在忙線中，請您耐心等待，我們將盡快幫您處理。」然後呢？就會出現背景音樂，在音樂的空檔，他們還會加入廣告的宣傳，嗯！真會利用時間。

在客服人員接通之後，他們會說：「我是四〇八八敝姓李，很高興為您服務。怎麼稱呼您？」

「我姓黃！」客服接著說：「黃先生，您好。」

當你問的問題，不是他們業務可以處理的時候，他們會說：「我們是加值服務的窗口，您的問題，我幫您轉接到業務部門，請他們幫您處理，我現在幫您轉接，請您電話先不要掛斷。」大約過了幾秒鐘。

客服說：「現在幫您接通，由另外一位李先生為您服務。」電話接通之後，他說：「感謝您的耐心等待，我是幾號專員，敝姓李，黃先生您好，很高興為您服務。」

我問有關個人問題的時候，他說：「為維護雙方權益與資訊安全，我們將簡單與您核對基本資料可以嗎？」

最後問題都處理完了，他說：「還有什麼地方可以為您服務的嗎？」我回答：「沒有。」他說：「謝謝您的來電，祝您一切順心，再見。」

有沒有發現，以上的對話，有什麼地方讓你感覺服務很棒呢？是不是許多關鍵細節都做得很好，還有在交接服務的時候，也相當貼心，對嗎？這就是做到了關鍵細節，創造出的好口碑。

享譽盛名的迪士尼樂園為什麼這麼成功，關鍵正是掌握了「七十四個創造顧客感動的關鍵細節」，你看，是不是也殊途同歸呢？

破局變現
業務王
必懂的事

「關鍵細節，是勝出的主因；上下一致，更是落實的證明。」你或許沒有團隊可以帶領，但你執行的工作，還是需要借助許多外力協助。

這時需要留意關鍵細節，做到服務一致性，就能達成「超越顧客預期，創造顧客感動」。

洞見 05

不只讓人記住專業，更難忘你的身段

唯有理解感動服務的原則，才能力圖修正調整自己的服務態度、流程，期盼在每個與顧客接觸的瞬間，都能達到「超越顧客期待，感動客户」的信仰。

為了更具體掌握每個服務瞬間，這裡要分享做好服務最重要的三個關鍵時刻，那就是「進門、過程、送客」。

一個年輕人，決定到保險公司見習，於是一早就出發到推薦人上班的營業單位找推薦人。

一到了單位，接待的是一位中年大叔。

這位大叔面帶微笑問：「請問你來找哪一位？」

年輕人：「某某某。」

大叔說：「喔！她還沒來公司。你要不要到經理室坐一下，我幫你倒杯水，她應該很快就來了。」

年輕人：「她說可以先來跟經理聊一下，請問您們經理在嗎？」

大叔說：「喔！我就是經理。」

從進門，就讓人留下好印象

年經人驚訝的心想：「啊！您就是經理呀？原來經理要這麼早來公司？還這麼親切、有禮，一點架子都沒有？」（目前這位經理，正是現任績效卓越的國泰苗栗縣分公司經理張吉昌。）

後來年經人到單位見習，與經理懇談後，就決定進入保險公司上班。當然進來後績效表現不錯，也受到該公司的栽培，歷任了業務員、主管、專任講師，最後滿四十歲離開公司，自行創業。

我想你一定猜得到，這個年經人就是「每天五分鐘，銷售變輕鬆」的主筆，國華本人。

這真的是令我幾乎忘不掉的場景，因為單位經理給我的好印象太深刻，十六年後的今天再度回想起來，場景依然如此鮮明。

> 進門、過程、送客，正是做好服務最重要的三個關鍵時刻！

唯有理解感動服務的原則，才能力圖修正調整自已的服務態度、流程，期盼在每個與顧客接觸的瞬間，都能達到「超越顧客期待，感動客戶」的信仰。

為了更具體掌握每個服務的瞬間，這裡分享做好服務最重要的三個關鍵時刻，那就是「進門、過程、送客」，本書整理如何做好「進門、送客」的關鍵。

首先是「進門」。破題的案例，就是我在進門的時候，經理讓我感覺到，他是真心歡迎我的到來，因此讓我留下了難忘的好印象。

那麼，到底要怎麼做好呢？具體建議如下：微笑、熱情，與身段。

微笑，令人難以抗拒

服務業最有名的哲學——「三公尺微笑原則」，出自於零售巨擘沃爾瑪（Wal-Mart）【註1】，也就是當客人出現在服務人員三公尺範圍內，就要像雷達一樣，偵測到客人的舉動，並且眼睛看著對方，微笑以對，同時詢問服務需求。

【註1】

三公尺微笑原則（Ten Foot Rule）：指的是員工在距離顧客三公尺（十英尺）時，就必須面帶微笑，看著顧客的眼睛打招呼，傳遞出親切的力量，始終把顧客擺在首位，使沃爾瑪被譽為「財星五百大企業史上難以匹敵的成就」。

"微笑、熱情、身段，三者具備，才能超越顧客的期待！"

面對一個陌生的環境，人們自然會較為保守、冷漠。這是因為他正在熟悉環境，對於陌生的人、事、物難以表現出熱情，這時候接待的人員就很重要了。

若能在此刻面帶笑容，顧客就會直覺感受到你的開放與友好，親切地詢問需求，顧客就容易卸下心防，輕鬆的跟你透露想法。

美國壽險業頂尖高手威廉．懷拉【註2】，就是因為非常懂得使用微笑與客戶互動，讓他在業界取得輝煌的成就，所以把成功歸功於擁有一個獨特、純真的微笑，而獲得顧客的信賴。他曾說：「『一個不懂得』笑的人，永遠無法體會人生的美好。」

所以，在顧客進門的瞬間，請務必記得，將你的兩邊嘴角自然上揚，露出微笑黃金曲線，顧客在這一瞬間，自然也會感受到你的友好與善意。

【註2】
威廉．懷拉：美國一位壽險業的首席經理人，年收入高達百萬美元，他的成功秘訣正是擁有一張令顧客無法抗拒的笑臉，使顧客願意將自己交付給他。

熱情，讓人愛不釋手

分享一個珠寶商的故事。

有一位阿拉伯的富豪，走進一家世界知名的鑽石珠寶店，他想買一只又大又漂亮的鑽戒送給自己的妻子，老闆為此請了一位專家幫富豪介紹。

這位珠寶專家帶領富豪進入了一個超大型、豪華的保險箱，並向他推薦一顆得來不易的藍鑽，接著用極為專業的口吻，向他介紹這顆藍鑽的質地、色澤、雕工，以及如何的珍稀罕見。

講完之後，富豪說：「果然是稀世珍寶，但並不是我要的那一種。」準備起身離開。

這時老闆對富豪說：「可以再給我一次機會，讓我為您介紹嗎？」

富豪說：「可以，但我應該不會更改我的決定。」

老闆說：「沒關係。」

老闆接著就用極為感性的口吻，對他說起，他是如何的喜歡這個藍鑽，並且是如何費盡千辛萬苦才取得這顆鑽石，以及這種鑽石代表的意義。

聽完之後，富豪改口：「對，這就是我要的。我真不明白，為什麼經過你講完之後，我會改變心意。」

老闆告訴富豪：「剛剛那位是他們公司最頂尖的鑽石專家，但他擁有的只是對鑽石的專業，而我擁有的不只是專業，還有熱愛與熱情。」

> 顧客感動的往往不是專業，而是那一股顯現出來的熱愛與熱情。

這位老闆就是擁有「鑽石大王」封號的哈里．溫斯頓（Harry Winston）。

你看，熱愛與熱情是不是也很能感動顧客呢？那如何展現你的熱情呢？

首先，必須熱愛你的工作，此外，還要主動爭取服務機會，因為顧客感動的或許不是專業，而是你的一股熱愛與熱情。

身段，令人難以忘懷

柔軟的身段，專業的表現，你覺得哪一個更令人難忘呢？

現在可以試著回想一下，過去求學階段，有沒有哪一位老師，因為學歷很高、專業特好，讓你難忘？還是某位老師因為與你相處，讓你感覺舒服、沒有架子，甚至情緒管理很好，做錯事的時候，他原諒你、啟發你，這樣更讓你難忘呢？

”EQ的記憶，遠比IQ的記憶，來得令人印象深刻，時時想念！”

通常是後者，沒錯，這就是ＥＱ的記憶，會比ＩＱ的記憶來得深刻。若有ＩＱ又有ＥＱ的話，那印象就更好了。

說說日本經營之神松下先生【註3】，用身段化危機為轉機的故事。

有一年公司經營瓶頸，有多位高階經理人打算離職，另組新公司。知道消息的松下先生，隔天將這些經理人召集起來，打算對他們信心喊話。

當然這群在公司多年的經理人都擔心，是不是會被松下先生斥責一番，說是叛徒！他們懷著忐忑不安在會議室等待著。松下先生到了之後，在這群經理人面前，準備說話！

還沒開口，松下先生就先給這群經理人行一個九十度的鞠躬，接著非常謙卑地說出了這段話。

【註3】

松下幸之助：出生於一八九四年，被人尊稱為「經營之神」，橫跨明治、大正、昭和以及平成四世代的日本企業家，是松下電器、松下政經塾與ＰＨＰ研究所的創辦者。

「感謝大家這麼多年對公司的付出，我想以大家的經驗與專業，一定可以開創出一個成功的公司。

但是很抱歉！身為松下企業的負責人，公司還有這麼多的員工以及家庭，需要我的領導，來維持他們的生計。所以請原諒我，沒辦法跟大家一起離開公司，我在這邊也誠摯的祝福大家，一定可以發展順利。」

說完，再次行一個九十度的鞠躬，然後慢慢的離開現場。

這樣的一個動作，讓現場打算離職的高階經理們，都深懷愧疚！

最後居然沒有一個人離職，而且全都留下來幫公司度過難關，你看，身段的力量，是不是化危機為轉機了呢？

所以，我每每授完課，大部分都會跟學員來個九十度的鞠躬，就是希望讓學員除了記住我的專業，更難忘我的身段。

破局變現
業務王
必懂的事

超越顧客期待的目的，是要能夠感動顧客。

所有準備動作都好了，此刻就是拿出本領感動顧客的時候。除了執行感動服務之外，還要做好服務顧客最重要的三個關鍵時刻——「進門、過程、送客」。進門的當下，請用「微笑、熱情、身段」，留下令人難以忘懷的好印象。

洞見 06

好服務，創造無微不至的感動

銀行裏理級以下的同仁，都要輪職到門口歡迎客人。從門口的接待員、大廳的保全人員，到銀行行員，都會主動熱忱地跟顧客打招呼。從進門、送客也能夠有禮貌，真誠的表達對顧客的感謝，讓人感受到無微不至的服務。

玉山銀行曾經在《遠見雜誌》的調查中，銀行業的服務品質，好幾年都蟬聯第一名。這到底是為什麼呢？因為他們從顧客進門一直到離開，都能讓顧客感受到，從上到下，用一貫熱忱的服務態度在服務他們的顧客。

從進門到送客，一路創造感動

根據了解，玉山銀行裏理級以下的同仁，都要輪職到門口歡迎客人。從門口的接待員、大廳的保全人員，到銀行行員，都會主動熱忱地跟顧客打招呼。

首先「進門」，當你走到櫃台辦理業務的時候，行員會立刻站起來跟你問好，最後辦好業務之後，行員都會輕聲的詢問您：「某某先生，謝謝您，請問還需要什麼服務嗎？」進一步去關心你，第二個服務顧客的「過程」也做得很好。

最後一個關鍵時刻，顧客要離開的時候，「送客」也要有禮貌，真誠的表達對顧客的感謝。玉山銀行也是首家有專人在門口接待顧客，主要負責迎賓與送客的銀行，後來許多銀行也紛紛跟進。

由於顧客接受服務的感覺真的是太好了，就有聽說南部有顧客，在走出銀行大門不久後又折返回來，門口的接待員就問：「還需要什麼服務嗎？」這個顧客用台語說：「穿西裝打領帶的人，向我這個穿拖鞋的人鞠躬感謝，我覺得很棒，我想要再感受一次啦！」這個就是連續數年都獲得服務品質獎，送客藝術也做得很到位的玉山銀行。

> 從進門開始，一路到送客，讓顧客感受到無微不至的服務，才能創造出完整的感動體驗！

最後這個環節，除了由上至下一貫的服務理念，到讓每一位組織成員落實感動服務的步驟、守則，這就像是心臟將血液輸送到身體裡的每一個細胞一樣，離心臟愈遠，力量就會愈薄弱。

但是三個過程的最後一個環節，若沒有做好，創造顧客感動的體驗就無法完整，就像「為山九仞，功虧一簣」，不免可惜。

心無客戶，服務就沒靈魂

那麼，該如何讓組織裡的員工願意在最後一個環節做好、做滿呢？這得從心態上做起。

當我在講授這門課，進行到這個單元的時候，會問：「我們的薪水是誰發的？」大家說：「老闆發的。」「愛不愛我們的老闆？」大家說：「愛！」接著我說：「若你愛老闆的話，那你應該更愛客戶。因為沒有客戶上門，老闆不會賺錢；老闆不賺錢，就沒有錢發薪水給大家，大家同意嗎？」

> 心中沒有客戶，就像服務沒有靈魂；心態不對，方法、技巧都不容易到位。

心中沒有客戶，就像服務沒有靈魂，魂不附體的服務要怎麼到位呢？所以，要能堅持把服務落實到客戶離開的最後一刻，首先要在心裡放上：「我之所以有薪水，可以讓家裡溫飽；可以買車買房，都是因為有客戶可以服務，所以我要感謝客戶。」先在心中有了這樣的思維，接著要堅持到最後一刻，就會容易許多。

心態對了，接著就是送客的身段與表達感謝詞。

還記得「麥拉賓法則」嗎？在文字、聲音語調、肢體語言，哪一個讓人印象最為深刻？答案是「肢體語言」。

因此，在送客的時候，面帶微笑的向顧客打招呼，或是附上一個鞠躬，甚至送你到門口，不斷的向你揮手再見，有時候不用說話，都能讓人感受到滿滿謝意。

„ 把事情做完，跟把事情做好，絕對是兩件事！ „

把事情做完，跟把事情做好，絕對是不一樣的兩回事，創造顧客感動的三個時刻，特別是在送客的這一刻，是最容易鬆懈的細節。

正因不斷地忙碌到了最後一刻，心想：「呼！快要解脫了。」這樣的想法，「相由心生」，此刻的表情就不會是感謝，而是滿臉疲憊。

三十度或四十五度的彎腰鞠躬，都是為了表達致謝的具體行為，在日本，對於彎腰鞠躬致謝的角度，更有著極為嚴格的標準。

若再講究一點的話，送客時你說：「謝謝您的光臨，讓我們有更進步的機會，祝您有愉快的一天。」顧客看到你的身段，聽到你的致謝，當他們踏出門口的那一刻，當然會感到備受尊榮。顧客心裡想：「我只是來借個廁所，你們把我當成貴賓來款待。」再來光顧的機率，自然就高了！

破局變現 業務王 必懂的事

我們不是領薪水的上班族，因此要有客戶就是財神爺的心態。如何在最後「送客」依然熱忱——心中有著「顧客就是我的老闆，愈多顧客我就會愈有錢，我愛拜訪，我愛顧客。」說真的，不用說什麼話，顧客都會感受到你愛死他了！

洞見07

滿足顧客情感性需求，才能有口皆碑！

服務分為兩種，一種是物性服務，一種是人性服務。「物性服務」隨著科技的進步，許多硬體設備愈來愈精緻，可藉由前置作業與設定完成，這卻不是真正好口碑的關鍵，也就是說「物性服務」滿足的只是顧客必要的「功能性需求」！

我很欣賞的黃順成老師，有一次上完課後就帶著幾個學生一起去喝茶。他們在路上找了一間燈光美、氣氛佳的茶藝坊，覺得不錯，就選擇這家。一會兒，服務生把茶具拿過來之後，他們就開始泡茶聊天，忽然有學生發現，茶壺的口有一個缺損，於是就請服務生過來一下。

深度不如態度，態度好，什麼都對了！

一位學生說：「你們的茶壺口有缺損！」

結果這個服務生說：「茶壺的口有缺損沒關係呀，又不是用茶壺喝茶，茶杯沒有缺損就好啦！」說完就走了。

請問這個服務生，說的有沒有道理呢？有道理對嗎？但感覺對不對呢？是不是不對！為什麼不對？因為他只在意事情對不對，並不關注顧客感覺好不好。

「深度不如態度！」因為就算專業再有深度，都要加上好的態度。

服務員離開之後，老師與其他的學生，彼此看了一下，說：「下次不要來這家喝茶了！」妳看，冰冷的道理若沒加上溫熱的態度，就像沒有糖衣的苦藥，令人難以接受。

> 深度不如態度！冰冷的道理若沒加上溫熱的態度，就像沒有糖衣的苦藥，令人難以接受。

樂園，只能進去一次？

先分享一段自己的故事，再從故事中帶你觀看，過程中應該做好什麼細節。

二〇一三年十二月十八號，我帶家中兩個小朋友去韓國玩，行程的最後一天，到了最大的室內遊樂園「樂天遊樂園」，我和小朋友們都非常興奮。

礙於時間有限，領隊兼導遊就說：「只有三個多小時，要玩遍是不可能的，所以我推薦幾個重點遊戲區，可以玩的點去玩就可以了！」當他介紹完後，我們就按照他所推薦的到處遊逛。

快速看了一下導遊給我們的遊樂園簡介，決定先帶他們到人潮可能會比較少的遊戲區，於是選定地下一樓，體驗「互動式電影院」。三個人經過手扶梯到了B1後，往左邊一看，果然就看到一個入口處，就拿出門票給服務員，服務人員看了一下之後，就讓我們過去了。

過去之後，不知道要往那個方向，於是就拿出簡介給門口的一位服務人員，他看我們講中文，就請了一位會講中文的服務人員過來，結果她說：「先生！這裡是園區外面囉，你要去的地方在裡面。」

這下糟糕了，為什麼？因為在進園的時候，導遊特別交代，這張門票，只能進來一次，出去之後這張門票就失效了。我帶著兩個小朋友，當下真的不知道該如何是好！我就看到我家那隻小的，聽到不能再進去之後，臉上馬上出現一張苦瓜臉，看了我好心疼。

我就跟這個會講中文的小姐說：「我們是因為不知道，才走出來的，可以再讓我們進去嗎？」她當下就跟我要了我們導遊的電話，打去確認身分之後，把電話給我，讓我跟導遊說。導遊還是說：「票只能用一次，你就帶小朋友去旁邊拍拍照吧。」

之後這位小姐又打電話給她們的主管，結果還是不行。無奈的我，只好帶著他們兩個到旁邊，當下思考，要不要再花台幣大約兩千四百塊，再進去一次。

一個遊樂園要能讓顧客真正感受到快樂，才是名符其實的遊「樂園」！

正就當我還在猶豫掙扎的時候，剛剛那位會中文的小姐就跑過來跟我們說：「你們可以再進去了！但記得不要再走錯出來囉。」隨後附上一個微笑。

這真是讓我鬆了一口氣，接著我看到孩子開心的表情，三人這才真正進入了樂園。

人性服務，好口碑的關鍵

藉由這個故事，這裡拆解一下細節，可以參考優秀的服務業是怎麼把服務做好，讓我們從中學習。

服務分為兩種，一種是物性服務，一種是人性服務，「物性服務」隨著科技的進步，許多硬體設備愈來愈精緻，愈來愈人性化，基本的安全性、舒適性、娛樂性，都可以藉由前置作業與設定完成，但這卻不是真正好口碑的關鍵，也就是說「物性服務」滿足的是顧客必要的「功能性需求」。

真正讓人難忘的是「人性服務」，也就是能滿足顧客的「情感性需求」，這才是口耳相傳、有口皆碑的關鍵。剛剛的這位小姐做到了哪些，讓我特別難忘呢？

首先是道理，也就是樂園的規定，但畢竟規定是冰冷的，接著她向導遊確認我的身份，然後再向公司爭取我的權益，這個爭取權益的動作，就屬於人性的服務。

”規定是冰冷的道理，唯有幫顧客爭取權益，才屬於人性的服務。”

在她爭取之後的第一次回覆，雖然讓我失望了，但顯然她並沒有放棄，在我離開之後，又再次往上爭取我的權益，最後讓我們順利再次進入樂園。

這位小姐「先規定」、「再爭取」的作法，完全符合「沒有規矩，不成方圓」的道理，就像古代的錢幣，外圓內方，規定外不失情感。坦白說，在她這樣的順序與動作之後，我們真的無法再次入園，也會比較釋懷，畢竟是我自己犯的錯。

那麼，對比前面茶館的服務生，不但物性服務不足，人性的服務也不周。

所以在服務的過程中，應該怎麼做，可以讓顧客留下難忘的印象呢？首先要將僕人式服務，轉變成主人式服務。什麼是「僕人式服務」呢？就是對上門的客人畢恭畢敬，客人說什麼，服務人員就要像僕人一樣，言聽計從不敢怠慢。

什麼是「主人式服務」呢？全世界最頂尖的麗池酒店，他們的座右銘是這麼說的：「我們是一群為女士與紳士提供服務的女士與紳士。」你到了飯店後，就像來到一個主人的家裡，每一位服務生都像主人一樣，會親切、主動招呼你，並且也會讓你知道家裡的規定，不會無止境的允諾所有要求。

在自信、自重的前提下，用「主人式服務」的精神來主動、親切的服務顧客，遇到問題，用外圓內方的有彈性的標準應對，也較能讓顧客滿意、接受，而且也不失服務端應有身份、尊嚴。

服務做得好，人人都能體會到賓至如歸的享受！

破局變現
業務王
必懂的事

服務顧客的過程，除了要滿足顧客功能性需求的物性服務，更要滿足顧客情感性需求的人性服務。

物性服務靠定期的維護與更新，人性服務靠「主人式服務」的主動、親切有自信的與顧客互動。物性、人性的兼顧，肯定可以在服務顧客的過程讓顧客留下難忘的好印象。

洞見 08

面對自卑弱點，達成自我超越

自卑感教你認清自己的弱點，優越感則教你運用積極正面的方式，彌補自己的不足。一個想自我超越的人，若不願意面對自己的弱點，那麼為了彌補自卑感，追求優越感，導致方向錯誤，因而陷入所謂的「自卑情節」，不但無法自我超越，更可能導致犯罪、自閉等問題。

某國家有名詐騙犯，作案時非常謹慎，不留蛛絲馬跡。布局半年，詐騙得手後，他把唯一的聯繫方式，用假證件買來的手機號碼也銷毀了。他想，應該沒有人可以找到他了吧？

可是很快，警察把他抓到了，令他非常震驚，手機號碼已經銷毀了，沒有任何線索，他問：「你們是怎麼找到我的？」

洞察先機，讓自己不斷優化

警察說：「你過去使用的號碼，確實查不到任何姓名。但是通過連接的基地台數據，我們發現，那個號碼白天出現在某個辦公大樓附近，晚上則在某個社區附近，週末卻在某個超市附近。」

然後，這個號碼突然某一天消失了。但是，我們分析了一下後面幾週，和這三個基地台有關聯的數據，進而發現，上萬個號碼中，同樣白天出現在那個辦公大樓，晚上出現在那個社區，週末出現在那個超市，只有一個新註冊的手機號碼。於是，我們就找到了你。

> ”創新，與自我超越，就能創造顧客感動。”

詐騙犯聽完啞口無言，這就是數據的威力。創新，與自我超越，就能不斷延續創造顧客感動。所有企業之所以可以永續經營，除了商品與服務的不斷創新，更懂得掌握趨勢，第一時間洞察先機，才能讓企業不斷優化、超越。

我很喜歡海爾集團總裁張瑞敏【註1】說的：「沒有成功的企業，只有時代的企業。」他曾謙虛的說，成功只是順應了時代所需，但沒有不斷創新與自我超越的思維，怎麼能夠掌握趨勢的脈動呢？

所有優秀的壽險顧問都懂得不斷自我超越，精益求精，讓自己精準掌握顧客需求，並且在第一時間滿足。企業擁有大數據、擁有人才、擁有資金、擁有眾多資源，甚至企業的經營者可能都比你用心、努力。說真的，人家不見得非要自我超越，以企業現有的優勢，或許幾輩子都不用愁。

假使沒有這種命的話，到底要怎麼做，才能有效的自我超越呢？你說：「自我超越還不簡單，就是不斷的努力、努力再努力，永遠不滿足現況，好還要更好呀！」聽起來也不是不對，不過引用大師觀點，再試著套用在想要做到的「自我超越」。

心理學大師阿德勒（Alfred Adler）【註2】說，有兩種動力來源，能有效的達到自我超越，那就是——「自卑感」跟「優越感」。

【註1】
張瑞敏：一九四九年生，山東人，中國科技大學工商管理碩士，知名品牌海爾的執行長與創辦人，在一九九九年被英國《金融時報》選為「全球三十位最受尊崇的企業家」。

【註2】
阿德勒（Alfred Adler）：生於奧地利維也納，是一位醫生、心理治療師，以及個體心理學派創始人，為精神分析學派內部第一位反對佛洛伊德的心理學體系，由生物學定向的本我轉向社會文化定向的自我心理學，亦為人本主義心理學的先驅，被尊稱為現代自我心理學之父。

什麼是自卑感？《牛津字典》對於「自卑感」的定義，是指一種自己感覺「比他人差」的潛在意識。

什麼是優越感？一般指自以為在生理方面（體形、相貌或體力等）、心理方面（智力、知識、技能等），以及其他方面長於別人、強於別人的心理狀態。

阿德勒說，人人都有自卑感，而且人人都想彌補這種自卑感，追求優越感。所以這兩種感情，其實是一體兩面的。

一個人追求什麼樣的優越感，也就是想實現什麼樣的目標，跟他個人的自卑感有關。阿德勒舉了一些例子，比如說很多醫生在小時候都經歷過家人或者朋友死亡的場景，所以他們就有了一種自卑感，認為人生不安全。

„自卑感就像是一個在背後提供推力的發動機，優越感就像是一個在前面牽引著你的火車頭。這兩種感情，共同提供了超越自我的動力，讓你在提升自己的軌道上飛奔。„

為了彌補這種自卑感，就選擇了做醫生，為了跟死亡對抗，藉此來實現自己的優越感。但在絕大部分情況下，優越感並不是一個非常清晰的目標，也不是只有一種實現方法。

很多人說不清楚自己到底想要獲得怎樣的優越感，只能慢慢摸索，即使找到了一個明確的目標，也有不同的實現辦法。你採取怎樣的辦法彌補自卑感，實現優越感，就體現了你的性格，或者按照阿德勒的說法，就體現你的人生態度。

所以在個體心理學看來，自卑感就像是一個在背後提供推力的發動機，優越感就像是一個在前面牽引著你的火車頭，這兩種感情，共同提供了超越自我的動力，讓你在提升自己的軌道上飛奔。

> 一個想自我超越的人，若不願意面對自己的弱點，可能會令自己陷入所謂的「自卑情節」，而無法自我超越。

自卑感教你認清自己的弱點，優越感則教你運用積極正面的方式，彌補自己的不足。但一個想自我超越的人，若不願意面對自己的弱點，那為了彌補自卑感，追求優越感，導致方向錯誤，因而陷入所謂的「自卑情節」，不但無法自我超越，更可能導致犯罪、自閉等問題。

在已知的領域不斷優化，未知的領域不斷填補，力求自我超越。

因此，優秀的業務員，積極、努力、正面、好學等，都是導致績效卓越的直接原因，但更關鍵的原因是無論再怎麼優秀，都有虛懷若谷，謙卑自省的態度，才能讓自己在破局裡依然擁有洞見，透視出小細節，成就不敗門道。

破局變現 業務王 必懂的事

有效的自我超越，可以用阿德勒所說的兩個動力引擎，一個是自卑感、一個是優越感。

「自卑」體察自己的不足，「優越」追求正確的目標，以達有效的「自我超越」。

Part

05

大人脈——關係變現，引爆入坑潮的圈粉經濟

所有陌生人，都是還沒熟識的朋友。

「陌生開發」很難，難的不是結果，而是開頭，掌握「切入、展開、連結」技巧，幫助累積好人脈，達到快速圈粉，湧爆入坑潮！

變現 01

終極人脈學，引爆變現關係

貴族學校採取的菁英教育，除了基本的教育外，更重視培養學生的社交能力。團隊都是菁英，一起相互合作，完成更大的目標，從小就開始培養！

川卜經營壽險業十年之後，可以說是五子登科，特別在經濟能力上，讓他對比過去大學畢業的同學選擇上班，生活品質更是好很多。

也因為壽險事業的經營，每天都充滿了學習與挑戰，所以日子過得非常快，剛出生的小寶寶很快也要上學了，後來他與太太決定把孩子送進貴族學校就讀。

菁英教育，奠基社交圈

你說：「那種貴族學校，真的不是一般人可以讀得起的，學費一學期都要十幾萬。不過學費貴，可以聘請的師資和伙食也相對比較好，對小孩的成長應該也會比較好。」這絕對是原因之一，但最主要的，可能不是這個。

基本上經濟能力好，跟家長的經濟來源有關，一般是企業經營者或是高層員工，不然就是菁英份子（例如醫師、律師、會計師），或者是知名作家、演藝人員、銷售人員（超級業務員）等。

之所以將孩子送往貴族學校，除了前面談到的兩個原因之外，還有就是貴族學校可以幫特定的家長達到這三個目的。

團隊都是菁英，一起相互合作，完成更大的目標，從小就開始培養！

一、許多貴族學校實行寄宿制，這可以解決很多家長事業正如日中天，沒空照顧孩子的問題。

二、貴族學校更注重學生的德、智、體、群、美全面發展，而不是一味的注重成績。

三、能夠讓孩子接觸到更多的同階層的孩子，為孩子傳承家族企業奠定一定基礎，同時在一定程度上保障孩子的社交圈！

貴族學校採取的菁英教育，除了基本的教育外，更重視培養學生的社交能力。學校會要求學生具備與人合作的能力，去成就單靠個人成就不了的更大的目標。例如康橋小學，一學期學費十八萬，要拿畢業證書，是要能登玉山成功才能畢業的。

你看，活到這麼大把歲數，或許只登頂枕頭山成功，人家小學就登上台灣第一高峰。團隊都是菁英，一起相互合作，完成更大的目標，從小就開始培養！

閒聊，打造穩固人脈圈

開發一位新客戶的成本，幾乎等於成交五個老客戶，所以主力當然還是以顧客肯定後的轉介紹為主。但是，了解開發陌生市場的有效方法之後，你將會更具信心可以開發出更多優質的人脈，從中挖掘出更多業績量。

廣闊的人脈，不是來自於攀附，而是吸引，你必須在開口當下，就引起對方的好感。接著我要教你，如何在陌生的環境中，快速打進談話圈，做一個受歡迎的社交達人。

> 漫無目的「亂聊」，絕對無法成為達人，只會成為「剩人」，剩你自己跟自己講話。

要成為受歡迎的社交達人，首先必須成為一個閒聊高手。「閒聊」聽起來好像很簡單，但絕對不是要你漫無目的「亂聊」，這絕對無法成為達人，只會成為「剩人」，剩你自己跟自己講話。

「閒聊」的精神是讓你與對方聊天的時候，對方可以很輕鬆，沒有壓力的跟你互動，甚至對你產生好奇，願意進一步跟你做朋友。想要達到這樣的效果，具體我從心法與方法上與你分享怎麼做。

首先是心法，在一個社交的場合，心裡頭可以先這樣告訴自己：「我們都是還沒有認識的朋友。待會彼此認識的時候，我一定可以看到、聽到很多有趣的資訊，認識彼此可以互相幫忙的朋友。」有這樣的心理預期之後，這會讓你更加期待，並主動與還沒認識的朋友談話。

讓對方不只聆聽，還願意全盤托出

好！有了這個心法之後，接著就是方法了。怎麼與人開口交談，怎麼切入正在談論的話題，讓對方願意聽你說，還有願意對你說更多。

> 孟子說：「發而不中，反求諸己。」愈能讓對方輕鬆自在表達自己，對方就會愈喜歡你。

第一、問出一個輕鬆的話題開場

輕鬆的話題很多，不過需要注意兩點，一是問的話題屬於開放性問句，二是問的話題不要太專業。

有關開放性問句，就是問題沒有固定式的答案，可以由受訪者發揮並加以回應，此一問題可以用來延伸會談，讓會談的內容更充實。

話題不要太專業，才會讓對方輕鬆的講，若是你的問題太專業，會讓對方回答的時候感覺相當吃力。

例如你問：「你對美國的QE政策怎麼看？」這麼問，若對方不知到什麼是QE（量化寬鬆的貨幣政策），不是徒增尷尬嗎？這就是問得太深。

開場提問成功開啟話題之後，接著當對方也向你提問時，你要怎麼回答。

第二、不要一問一答，請用一問二答

這是和「一問一答」相對應的，平時，我們對別人拋來的問題做出相應的回覆，這是「一問一答」。

如果我們能在回答對方的問題本身之外，稍作延展，說一些跟答案相關的其他信息，這就是「一問二答」。

”回答對方問題之外，稍作延展的「一問二答」，才能延續交談。”

小練習

「一問二答」，延續對話的小秘訣

當對方問你：「你喜歡冬天嗎？」

你說：「我很喜歡」這是一答。

若說完之後不接續，只想等對方繼續問，那對方萬一不善社交、提問，那可能就終止了，所以要二答。

你再說：「因為冬天可以去泡湯，我很喜歡。」這就是二答。

你透露出的訊息有互動，也有喜好，很可能讓對方找到更多話題與你互動。

第三，仔細聆聽，然後擴展

所要擴展的素材，需要完全來自對方說的話，這會讓對方感覺被重視，更願意與你互動。

例如你問：「你怎麼會來上這門課？」

他說：「因為我們公司派我來上課，然後要我回去轉教育。」

然後你說：「我是因為朋友推薦，我才來上課的。」

好！仔細留意這樣的回答，就是從自己的角度出發，對方不一定關心你為什麼而來，但一定會在乎自己被關心，所以應該抓住對方回答時的相關訊息，擴展話題，這時應該這麼說。

你說：「喔！公司會派你來上課，肯定你是負責公司教育訓練的囉！」

你說：「要回去轉教育，那你今天上課，肯定比我認真。」

你說：「你們公司是做什麼的，為什麼要上這門課？」

發現了嗎？你的話題，都是從對方說出的話裡進行展開，當對方覺得你重視他，他自然也會重視你，對你敞開心胸，吐露更多訊息。

最後，這樣的交流將引領你走向人脈的變現關係，帶來入坑潮的圈粉經濟！

破局變現
業務王
必懂的事

要在一個陌生的社交環境中，快速的切進談話圈，「閒聊」是一個有效的方法，不過「閒聊」不等於「亂聊」，聊不好就會成為「剩人」。

「閒聊」首先要有心理建設，告訴自己：「所有人都是還沒認識的朋友」這可以增加期待感與主動性。之後用這三個技巧，展開成功的閒聊。

一、問出一個輕鬆的話題開場；二、不要一問一答，請用一問二答；三、仔細聆聽，然後擴展。

陌生人，都是還沒熟識的朋友

三人行必有我師，「請教」絕對能讓你與對方進入更深一層的連結，為什麼？因為被請教，可以讓對方感覺自己的說法、經驗受到重視，此刻若對方與你分享的愈多，你跟對方的連結就會愈深入。

我常說：「所有陌生人，都是還沒熟識的朋友！」

除了透過人脈之間的轉介紹，更別忘記把握任何一個與陌生人接觸的機會。因此，想要順利與陌生人展開談話，必須先採用輕鬆話題切入對談，讓話題得以延續下去，還有必須以對方說出口的主題，再進行延伸，打破陌生的隔閡，與你成為朋友。

冷讀熱捧，滿足肯定心理

任何一個陌生的環境中，切莫只會低頭滑手機，這會讓你錯失許多結識好人脈的機會，本篇與你分享「切入、展開、連結」技巧，幫你累積好人脈，首先正是「冷讀熱捧」的切入。

「什麼是冷讀熱捧切入？」就是冷靜觀察周圍的新朋友，身上有什麼值得讚美的地方，然後以這個讚美來開場。

舉個例子，有次受邀至台南演講，距離演講時間還有一會兒，見到坐在旁邊的一位業務主管，身上掛著一個 CFP®【註】的胸章，我心想：「業務主管又能考取 CFP®，兼具理論與實務的優秀人員，是值得認識的好人脈。」於是我用「冷讀熱捧」的方式開啟話題。

「冷讀」，先冷靜的觀察想要認識的人，獨特的地方；「熱捧」，就你觀察到獨特的地方，具體的說出理由。

我：「妳有 CFP® 的胸章，又是業務主管，還能考取 CFP®，真的非常不簡單！」

她：「沒有啦！考上之後才當主管的，不然現在也沒時間讀書。」

【註】

CFP® 全名是 Certified Financial Planner，臺灣理財顧問認證協會將此證照翻譯為「認證理財規劃顧問」，為國際間理財規劃業界最高的榮耀。

這種方式開場，首先是冷靜觀察想要結識朋友身上的特徵，發現 CFP® 是很好的讚美點，正因考取這張證照相當不容易，然後以這個讚美點具體向對方表達讚美之意，就讓對方感覺備受關注，甚至滿足被肯定的心理需求，對我的第一印象就會比較好。

這就是「冷讀熱捧切入」的力量——「冷讀」，先冷靜的觀察想要認識的人，獨特的地方；「熱捧」，就你觀察到獨特的地方，具體的說出理由。

輻射擴散，三個方向展開

冷讀熱捧之後，接著就可以再找話題點，更進一步的互動，提供「三個方向展開」，分別是——身上、道具、狀態。

・從身上找話題

剛剛業務主管的案例，我從她身上的胸章，進行「冷讀熱捧」後建立好的第一印象，進一步想要展開話題，首先可以從她的「身上」尋找，因為她很瘦，我便說：「很少看到業務主管身材保持這麼良好，妳有在運動嗎？」這就是在身上找話題切入。

・從道具給予讚美

若是身上真的沒有特別的點，就需要從身上其他「道具」尋找，例如所拿的手機、配件、服裝、飾品等，當天我也遇到另外一位業務課長，好像拿著一款蘋果第八代手機，我說：「我也是蘋果愛用者，妳的手機是 iPhone8 對嗎？好用嗎？」

她：「不錯！不過這是我女兒送我的啦！我也不太會用。」

接著我說：「你的制服很好看，跟別的單位的不太一樣，是訂做的嗎？」

她說：「對呀！這是單位統一訂做的套裝，希望同仁這樣穿，看起來比較專業。」接著她請她們單位的新人站起來，展示給我看，說：「是不是很好看呢？」我說：「嗯！真的很好看！」

・從狀態切進關心

好！若萬一真的身上沒有讚美點，道具也沒有特別的讚美點，你還可以就「狀態」來切入。

例如當天看到一位同仁很早到場，我問：「妳這麼早來，而且有點緊張，今天是否要上台分享呢？」則是依照狀態進行判斷，並依此切進話題。

或是：「剛剛看你相當認真，今天上台分享的同仁，你最喜歡哪一個？」

或是：「你們在聊什麼，這麼開心？」

真心請教，讓人感到被重視

雙向互動的過程中，如果時間充足，可以再用「真心請教」連結彼此關係。

三人行必有我師，「請教」絕對能讓你與對方進入更深一層的連結，為什麼？因為被請教，可以讓對方感覺自己的說法、經驗受到重視，此刻若對方與你分享的愈多，你跟對方的連結就會愈深入。

真心請教，深化情誼，創造下一次見面的機會！

當年，我做壽險業務的時候，開拓許多商店老闆的客戶，最常用的一招就是「真心請教」。我常常在服務完之後問：「現在開店真的很不容易，看你這麼年輕，事業就這麼成功，可以跟我分享是怎麼做到的嗎？」

這時候，對方都會願意跟我分享許多心得，有時候還會發生欲罷不能的情況，我就會藉機跟對方預約「聽下集見分曉」的時間。

既然有聆聽下集，再次拜訪的機會，那不就更進一步連結了嗎？

破局變現
業務王
必懂的事

常有人說「陌生開發」很難，其實難的不是「結果」，而是「開頭」。

每天都有機會接觸到陌生人，懂得「開頭」，能把陌生人變朋友；不懂得「開頭」，讓陌生人依然陌生。

想要有好的開頭，請用「冷讀熱捧開場、三個方向展開、真心請教連結」，先把陌生人變朋友，才有機會把好朋友變客戶。

變現03

正確聊天，兩招拉攏人心

商業聚會中，與新朋友聊天，話語權不要在單一方超過四十秒，一旦超過，對方就會感到壓力。因此，若是可以在對方說到某個段落的時候，將話語權拉回到你的優勢話題，使對方知道你也是某個領域的專家、權威，彼此做到更深度的價值觀交換後，關係也才能更進一步。

川卜聽完了正恩「冷讀熱捧切入、三個思路展開、真心請教連結」的分享之後，也與正恩變成了好朋友。

他向正恩說：「我要將你教的技巧用在我的社團上，今天晚上剛好有其他社團的人前來參訪，我來試試看。」

正恩說：「結果如何，再跟我分享。」

過度請教，不易建立關係

晚上聚會，其他社團有好多各行各業的菁英，川卜看到一位衣著體面的男士，準備過去進一步認識。

川卜：「您這隻機械錶相當好看，我也很喜歡機械錶，我看最少要兩萬起跳吧！重點是我覺得您帶起來比我好看。」（冷讀熱捧切入）

普金：「你太客氣了……」兩個很快地交換了名片，川卜一看是某家餐廳的董事長。

川卜：「金董事長，您是餐飲業，一定常常有機會接觸美食，但看您身材保持這麼好，您是有固定運動嗎？」川卜從對方「身上」找話題展開。

普金：「我們家體質關係啦！加上我有在跑步……」跑步是個重要資訊。

川卜：「跑步，我也有在跑步，董事長，您都在哪裡跑步呀？」川卜捉緊資訊，用「真心請教」，進一步與對方連結。

就這樣攀談下去，川卜當晚接連問了金董事長好幾個問題，與董事長從美食聊到運動，一聊就是一個多小時，川卜不斷的做球給董事長殺球，董事長才滔滔不絕地跟他分享了很多。

他認為這樣的結果，肯定是金董事長喜歡他，才願意跟他分享這麼多，聚會結束後立刻打電話給正恩分享。

正恩聽完之後，卻說：「這樣子的互動，會讓對方很有壓力！」

川卜一聽相當驚訝？心想：「對方願意與自己分享這麼多，不是因為喜歡與我聊天嗎？為什麼會有壓力呢？」

是否察覺出問題所在了呢？你說：「這還不簡單，川卜不斷的請教人家問題，能不有壓力嗎？」完全正確！這是不正確互動的原因之一，除此之外，還有幾個原因，在此一一揭露。

商業聚會，每個人都是來認識新朋友的，川卜跟人家聊這麼久，人家還有時間去認識新朋友嗎？而且幾乎都是對方在說，容易造成對方疲累感，而且不斷的提問，就算態度謙卑，時間一久，也會讓對方備感壓力。

優勢話題，建立良好互動

到底要怎麼聊，才能讓對方輕鬆，又能讓對方留下更好的印象呢？可以昇華聊天的技巧，用「優勢話題」互動、「循序漸進」深入、「第一時間」搶佔。

在商業聚會中，與新朋友聊天，話語權不要在單一方超過四十秒，一旦超過，對方就會感到壓力。那麼，要怎麼交換話語權呢？這裡依然先用「冷讀熱捧切入、三個思路展開、真心請教連結」，過程中適當的附和，讓對方感覺你有興致聆聽。但若你只會聽、不能回應，對方可能會誤為你缺乏主見、沒有深度。

因此，若是可以在對方說到某個段落的時候，將話語權拉回到你的優勢話題（優勢話題就是你擅長、專業的話題），使對方知道你也是某個領域的專家、權威，彼此做到更深度的價值觀交換後，關係也才能更進一步。

不過，該如何把話語權拉到自己的優勢話題呢？

> 想要建立良好的談話互動，可依對方的年齡、性別、身份等，判斷一下對方可能的優勢話題，讓對方也方便發揮。

美國的社交技能導師派屈克．金（Patrick King）介紹了兩個方法，相當推薦嘗試：俄羅斯套娃定位法，以及原子核定位法。

•第一個方法：俄羅斯套娃定位法

我們應該都見過俄羅斯套娃，越往裡面的娃就越來越小，現在回頭來看，裡面那個最小的娃娃正是你的優勢話題，往外的每一個更大的娃娃，普遍性將越來越強，專業性則越來越弱。

舉例來說，假使你的優勢話題是人身保險，在俄羅斯套娃方法中，「個人保險」就是最裡面那個套娃，依序往外越來越大的套娃，分別是：人身保險（向外）↓風險管理（向外）↓財富管理（向外）↓生涯規劃。

因此，若有機會聊到投資理財、保險、就業之類的相關話題，都可以有機會拉回到你的最優勢話題——「個人保險」。

• 第二個方法：原子定位法

原子中間的質子，正是你的優勢話題，其中的電子、中子都與優勢話題相關，一樣具備專業性。

同樣套用舉例，在原子定位法中，「個人保險」就是質子，在它旁邊的中子、電子依序是：團體保險（相關）↕產物保險（相關）↕社會保險（相關）↕投資型保險。當你跟對方聊到這些話題，也可以有機會拉回到你的優勢話題——「個人保險」。

透過過渡語順勢將話語權拉回來，說明的時候，不要超過四十秒，然後再將話語權丟回給對方，這才是一個良好的互動。

那麼，這個球要怎麼丟呢？可以就對方的年齡、性別、身份等，判斷一下對方可能的優勢話題，讓對方也方便發揮。

女生可以聊美容保養，男生聊事業運動，年長的就聊過去，年輕的就聊未來，或是對方名片上的職稱、頭銜、事業，都是對方比較好發揮的優勢話題，正確聊天攀談，也才能拉攏彼此的心意。

小練習

關於如何把話語權拉到自己的優勢話題，怎麼做，才不會令人感到突兀呢？此時，可以透過「過渡語」進行銜接。例如：

• 練習一：「講到這個，讓我想到……」句式

例如：「（許多藝人都到大陸發展）這個讓我想到（那個藝人因為腦溢血，以後可能半身不遂）」。這樣，就可以連接到你的專業。

• 練習二：「談到……就我過去經驗……」句式

例如：「談到（肇事責任），就我過去經驗（倒車就是完全責任，沒得談。）」。如此，也可以連接到你的專業。

破局變現
業務王
必懂的事

商業社交場合中臥虎藏龍，要想在短時間讓菁英份子留下深刻印象，除了基本的形象之外，正確、有順序的聊天，才能讓對方感覺舒服，沒有壓力；若又能適當展現自己的優勢話題，就更能讓對方感覺你的深度。

運用「俄羅斯套娃定位法」與「原子定位法」發現優勢話題，再用「過渡語」切入將話語權拉回手中，注意在四十秒內把話語權交給對方，這樣的互動就是更進一步的連結了。

變現 04

破殼攻心，變現厚友誼

真正的「厚友誼」，是在觀點與感受這兩個層面培養出來的，正是因為中國人是椰子文化，也就是外硬內軟。雙方剛開始認識的時候，為了彼此好印象，都會謙恭有禮的交談，但在這一層次上交流，無論你與對方說的再融洽，都只是椰子外殼的客套話，無法進入椰子的內心。

商業社交場合，不能只抓住一個人拼命交流，話語權必須在一方四十秒後，交給另外一方。運用優勢話題展現自己的專業，也懂得採取俄羅斯套娃法、原子核定位法，找到優勢話題，用過渡語拉回話語權。

預留伏筆，順勢拋接話語權

重新調整了社交技巧後，川卜心想，下週會長交接的時候，一定要快點試試看。

川卜提早到了會場，選了一位還不認識的女士，他主動向前攀談。

川卜：「您的項鍊搭配您這套晚禮服，讓您看起來非常高貴、好看，您有專門的服裝造型師幫您設計是嗎？」（冷讀熱捧切入）

女士：「沒有啦！我只是對穿搭衣服有點興趣，自己隨便穿的。」

川卜：「您客氣了，這麼有品味的造型，還好妳不是服裝設計師，不然他們會沒飯吃的。」

女士：「呵呵！你真會說話。你是哪個社團來的帥哥，還沒跟你請教？」

川卜自我介紹後，開始熟稔的交互運用正恩分享的社教技巧。

女士：「你這麼會說話，你平常在做什麼事業呀？」

川卜：「我在某某保險公司服務，幫客戶做風險管理與理財建議，這是我的名片。」

女士：「做保險不簡單喔！要懂很多！」

川卜：「嗯！多懂一點，可以幫的忙也多一點。請問您是做什麼事業的呢？」

女士：「這是我的名片，我有經營兩間婚宴會館，平常是餐廳，假日做婚禮喜宴的。」

川卜：「喔！劉總經理，我叫您劉總可以嗎？」

女士：「我朋友都叫我 Judy。」

川卜：「Judy，我的團隊也常常需要辦活動，我可以去您餐廳看一下，適合的話，有機會到您的餐廳辦活動嗎？」

女士：「好呀！」

川卜與女士交換了名片，也預約了看場地的時間後，他覺得達到好印象並預留伏筆，之後便說：「Judy，我朋友來了，我過去跟他聊一下。」然後就抽身離開，謹記商業社交，要多認識一些朋友，不能在同一人身上花太多時間。

椰子文化，重在破殼攻心

你說：「這樣又能製造好印象，又能預約再見面時間，應該很棒了吧！」

這樣是不錯，不過這樣的連結，只停留在表面，若要再更深一層，必須跳過事實，進入觀點與感受。

因為真正的「厚友誼」，是在觀點與感受這兩個層面培養出來的。你知道為什麼嗎？這是因為中國人是椰子文化，也就是外硬內軟。

> 真正「厚友誼」，是在觀點與感受這兩個層面培養出來的。

雙方剛開始認識的時候，為了彼此好印象，都會謙恭有禮的交談，但在這一層次上交流，無論你與對方說的再融洽，都只是椰子外殼的客套話，無法進入椰子的內心。

所以，你必須在客套話之後，收集事實，再進入觀點與感受，也就是進入椰子的內心。一旦進入，那就真的無話不談，連結就更深層了。

那麼該怎麼做呢？以我為例，時常需要與轉介紹進來的新客戶碰面，客套話之後，接著就是搜集事實，再進入觀點、感受。

某次在授課完之後，我與高層主管請求，希望可以交流一下課後心得。

我：「協理，就您旁聽，有沒有哪裡需要我改進的地方？」

協理：「很不錯！有達到我希望的結果。」（客套話）

我：「您是指哪方面？」

協理：「新任主管應該要有的觀念態度，你用這種方式教，容易懂，也容易接受。」（事實層面）

我：「協理，您是這方面的專家，受您肯定真的很開心。因此，想請教協理的區部績效一直很好，肯定跟領導統御的能力有關，您是怎麼學習這方面的知識，還是上課、看書來的呢？」

”商業社交場合，在客套話之後，就要進入椰子的內心。一旦進入，才能真的無話不談，破殼攻心。”

協理：「我對歷史有一點興趣，很多時候知古鑑今，所以我買一些歷史的書來看，加上多年的經驗有關係。」（觀點層面）

我：「我對歷史也有興趣，例如歷史三大明君漢文帝、唐太宗、康熙大帝，都是好皇帝，特別印象深刻的是，唐太宗的三面鏡子，魏徵就是人鏡，常常給他諫言，當他死了之後，李世民很難過。但位居高職，要聽得進諫言，很不容易，協理，您怎麼看待這件事？」

協理：「忠言逆耳是一定的，不過管理層最怕就是資訊傳遞錯誤，而做錯判斷、決策。所以聽不難，判斷對不對這比較難……」（感受層面）

當對方願意分享觀點與感受的時候，你才是真正進入椰子的內心，真正的「厚友誼」才會在這一層次上建立，並且是有深度、有價值的連結。

破局變現
業務王
必懂的事

中國人屬於椰子文化，外硬內軟，首次互動多半謙恭有禮，若只停留在客套話的層次，那屬於淺層的互動；更深一層你必須搜集事實後，再探究觀點、感受，當對方願意真心的與你分享時，才算進入了椰子的內心。

真正的「厚友誼」，通常是建構在觀點與感受上，多在這兩層交流，才是有深度、有價值的交流。

變現 05

搶占先機，大人物也入坑

當你鎖定了最想認識的對象之後，人家未必想要認識你！所以，必須在第一時間引起人家興趣才行。最簡單的作法就是談興趣，投其所好，或是聊聊當年的豐功偉業，都不失為好方法。

在社團會長交接的場合，正恩謹記「冷讀熱捧切入、一問二答互動、用優勢話題展現專業、過渡語切換話題之後，進入觀點跟感受與新朋友連結。」

正恩著實感到受用，而且深深感覺這樣有方法的認識新朋友，遠比一見到人就遞上名片，然後自顧自地介紹自己要好得太多。

好心態、懂方法，雙贏鏈結

正恩心裡想著：「早知道這些方法該有多好！」每個還沒認識的朋友，在他有技巧的互動之後，彼此不但互相交換了名片，還能順利要到了Line、行動電話，並且確定給對方留下了好印象。

這時候會場司儀透過麥克風說：「高雄市長候選人——韓國魚先生蒞臨現場，請大家掌聲歡迎……」這時候所有人幾乎停下手邊工作，全部都爭相與這個亮眼的魚先生握手、合照，正恩也想沾沾光，但是根本連靠近都沒機會。

你說：「這有什麼辦法呀？當紅炸子雞，身邊早就被一堆想要沾光的人團團圍住了，正恩這種小咖，要怎麼有機會認識呢？」

真的沒辦法嗎？那你以為那些可以圍在紅人身邊的人，都是臨時起意的嗎？當然不是，對嗎？凡事不是沒辦法，是你不知道有更好的辦法，一旦知道好方法之後，你也會跟正恩一樣，心想：「早知道這些方法該有多好！」

這裡要分享看到身份、地位遠遠比你高強的人，該怎麼認識呢？首先，一樣要具備良好的心態。

無論是什麼大人物，基本上都是人，而且真正的大人物，是不會拒絕任何人與自己有所互動，那些會拒絕與小人物互動，其實也算不上真正的人物，最多只是某專業領域的人才，不然就是虛有其表的人渣，所以心態上絕對要健康。

搶佔先機，長官都折服

心態正確之後，首先第一個方法就是「搶佔先機」。

那些能把紅人團團圍住的人，肯定不是臨時起意，他們確實知道紅人會出現的時間，只是強佔了先機而已。所以，若想認識現場的大人物，事前的打聽非常重要。

以我為例，知道高層長官與頂尖業務員的推薦、背書，對於我的行銷非常有幫助，因為這可以大大降低學員的信任成本，進而付費上課。所以，一到任何陌生的場合，我都會打聽一下現場最優秀與最高層級的長官是誰，而且一定把握時間與機會認識對方。打聽來的資訊，能讓我判斷什麼時機，可以搶佔先機。

> ,, 預先包打聽，搶佔先機，才能出擊致勝！ ,,

有一次在台南演講，為了與最高層級的長官認識，幾乎等了一整天，最後才找到一個機會，就是趁中間休息的時間，直接鑽入一堆與長官合照的人群中，快速用了我所分享的方法，喚起了高層的興趣。

甚至要到了合照、私人 Line，最後當然是我最寶貴的口碑背書。一整天的等待只有一小時的演講，為的就是認識、合照與背書，有了這個一切都值得了，演講鐘點費我根本不在乎。鼓起勇氣、強佔先機，這就是第一個方法。

找人帶路，為成功點燈

我之所以敢直接向前去攀談，是因為我是受邀演講的人，所以高層長官對我會有初步的認識。但若是對方不認識你的話，那我建議不要太唐突的自行搭訕，除非你也自帶光環，不然毛遂自薦不如有人推薦。

介紹人介紹的時候，真的不看僧面都會看介紹人的佛面，所以不容易有理由把你打發走；而且介紹人介紹的好，那也會馬上讓對方對你產生加成的好印象。

有一次我經過一個營業單位，剛好新任的經理我不認識，我立馬搜尋了該單位較優秀的同仁，並請她幫我介紹，她說好。她介紹的時候就說：「經理，我跟你介紹一個講師，是當年我們公司最紅的人氣講師。」哇！我心想「有嗎？」但她這麼講，我真的很感謝她，因為經理當下看我的眼神就真的不一樣。

做足功課，順利圈粉

當你鎖定了最想認識的對象之後，人家未必想要認識你！所以，必須在第一時間引起人家興趣才行。那麼，該怎麼引起興趣呢？最簡單的作法就是談興趣，投其所好，或是聊聊當年的豐功偉業，都不失為好方法。

> 與大人物交談的時候，九成時間盡可能都以對方為主，引起興趣之後，適當提問，當個小粉絲專心傾聽即可。

某次，遇到嘉義的一位素蘭行銷總監，一到單位看到她，就想要認識對方。於是，當下停在門口好幾分鐘，腦中不斷的回想當年她在績優報告的演講金句，還好我的記憶力不錯，被我回想起來，我帶著她說過的金句，一碰面就脫口而出：「憨神、憨神、憨憨的人做神，奸鬼、奸鬼、奸詐的人做鬼……」她驚訝的說：「你居然還記得！」之後交談當然就更加開心，請求幫忙也順利許多。

在與大人物交談的時候，九成時間盡可能都以對方為主，不用太講究話語權的切換，只要引起興趣之後，適當提問，當個小粉絲專心傾聽即可。

還有客套話，必不可少。例如：「今天真是沒有白來一趟，能夠認識您就是最大的收穫了。」、「知道您很多年了，今天跟您認識真是太榮幸了。」、「您的有聲書，我都能如數家珍，而且我還要兒子聽完都得寫心得報告。」

如此一來，功課做盡，搶得先機，再大的人物不難被你圈粉入坑！

破局變現 業務王 必懂的事

在陌生的商業場合，最值得認識的人，就是現場身份、地位最高的人。若可以認識的話，勢必大大提升人脈的層次。

該如何認識呢？首先心態要健康，真正的大人物都願意與任何人互動。心態對了之後，再運用三秘訣——把握先機、找人帶路、做足功課，成功路上將燈火通明。

變現 06

五思路圈粉，退場也優雅！

你有遇到類似這樣的問題嗎？就是不知道怎麼金蟬脫殼，也就是在交談之後，優雅的退場。更深一層建立人脈的連結，需要架構在觀點與感受上，所以勢必須要付出時間；但卻又不能孤注一擲的在某一個人身上投入所有的時間，因此必須懂得退出，也就是懂得優雅退場。

正恩：「委員，您這麼早就到了，真是準時。」

委員：「最近選舉，怕塞車，所以比較早出發。」

正恩：「今天可以接待委員，真是我最大的榮幸，而且對您一諾千金，說跳海就跳海的承諾，真是印象深刻……」委員哈哈大笑，接著兩個人就聊開了，當然正恩就真的像個小粉絲一樣，聽委員說著他的豐功偉業。

切入、深入，再優雅退出

此時的正恩，已經學會了怎麼用「把握先機、找人帶路、做足功課」的方式，來認識大人物，當然也想要好好來試試看。他打聽到今晚有黃世間立委來商會，於是爭取到接待機會，雖然認識了大人物，卻出現了另一個問題。

為了讓委員暢所欲言，他非常專注地聽，在委員講到某個與韓國魚激辯的高潮時，他忽然看到牆上的時鐘，才知道過了委員登場的時間，他忽然：「啊！委員，換你了，快、快、快……」拉著委員就往會場衝。

話題忽然被打斷，還完全沒有準備就上台，讓委員顯得有點狼狽，會後正恩自己覺得好尷尬！你有遇到類似這樣的問題嗎？就是不知道怎麼金蟬脫殼，也就是在交談之後，優雅的退場。

,,

當兩個人聊開了，一方專注聆聽，一方高談闊論，如何暗示談話即將告一段落？為這次的對話畫上圓滿的句號？五條思路、一道私房菜，給自己一個順利提前離開，同時不得罪他人的退場良機！

,,

你說：「對、對、對！有時候那種大老闆，或是政治人物，一下子說個沒完，實在不知道怎麼開口跟他喊停耶？」當然呀！人家好不容易到現在今天的成就，若有機會說出來，正好可以大大滿足自己的虛榮心，還有彰顯成就感。

只是問題是，在一個商業場合中，目的是要把握機會，認識更多優質人脈，而不是孤注一擲。那要怎麼有效的金蟬脫殼呢？這裡分享戴愫【註】老師的退場五思路，幫你順利優雅退場。

> 商業場合中，目的是把握機會，認識更多優質人脈，並非孤注一擲。

・思路一：最誠實的方法

戴素老師說，此時可以坦白地說：「很高興認識您，和您聊天真愉快，尤其感謝您所介紹兩地保險的差別，非常期待我們還有機會見面。」

【註】
戴愫：職業培訓師，擁有多年海外工作和管理經驗，長期從事僱員培訓課程，曾任 Astar 教育集團的維吉尼亞分部總監、新加坡 S P Jain 商學院的東亞地區首席代表等。

此外，採用這個方法需要注意兩點：

第一，說話前，需同步配合適度的身體語言，暗示談話即將告一段落。

第二，記得要回顧一下談過的內容，給這次對話畫上圓滿的句號。

• 思路二：我要撤了，是我的錯，不是你的錯

說出這句話的同時，要繼續說明：「我是個潛力股，我願意持續為你增加價值。」告訴對方你必須做什麼，也就是說，不是對方的原因，而是本來就有的計劃讓你不得不退出。

「我來之前早已下定決心，今天要認識三位前輩，您是第一位。讓我們保持聯繫，我相信在線上知識分享這一塊，我以後能幫上您。」

「我想看看今天還會不會遇到別的同行？我們加個微信吧，很樂意今後能在任何方面幫到您。」

「喲，我必須在主席離開之前，和他打個招呼。我會把剛剛提到的那篇文章轉發給你！」

• 思路三：兩杯酒法

美國知名演員喬治·普林普頓（George Plimpton）曾經透露，在人際關係上慣用兩杯酒法。每次參加聚會的時候，都會手端兩杯酒，只要想退出某個對話圈時，就會故作托辭，需要把這杯酒送過去給遠處的友人，就能夠禮貌地優雅告別。

・思路四：假裝緊急

比如說，當你拿起手機，假裝看一眼，臉色突然顯現出焦急模樣，略微緊張地說：「現在幾點了？噢，我需要給孩子的老師打個電話。」

或者，試圖做出內急的樣子：「不好意思，需要去一下化妝室，是往那個方向嗎？」通常其他人會立刻閃開，禮讓並指引出一條明路來（這我以前就常常使用）。

或者，你一邊伸長脖子，一邊張望廚房或餐檯：「有點餓呀，我過去拿些食物，你們有需要什麼嗎？」

・思路五：將他托付給別人

這個是我最喜歡的方法，帶著他朝你的朋友走過去，把他介紹給你的朋友。

此法的重點是，你要牢記他的名字，在介紹的時候，把他的亮點（對方專長、特色）稍加誇張，用些溢美之詞說出來。

「這是〇〇〇，人工智能界的九〇後新秀。」

「這是〇〇〇，當前的網紅。」

「這是〇〇〇，臨床心理學研究可有兩把刷子。」

「這是〇〇〇，慈善領域出名的大善人。」

以上彙整出戴愫老師所介紹的五條思路，我認為非常棒的金蟬脫殼術，可以在有需要的時候，達到優雅的退場。

「預約電話」私房菜

除此之外，我想再分享自己一招優雅退場的私房菜，提供參考。

這道獨門私房菜叫做——「預約電話」，什麼意思呢？也就是請人在一定的時間，打電話給我，這樣中斷對話，就算是對方講到高潮時被中斷，那也是電話中斷的，不是我中斷的，那麼就可以名正言順地接聽電話，然後說完之後，再給個理由說要提前離開。（設定像電話的鬧鐘也可以，但演技要純熟。）

不過，為了加強對方對我的好感度與加深連結，此時還需要說這兩件事，一是告訴對方自己很有收穫、二是預約下一次。

我會說：「剛剛在您身上，真的學到好多，我想下一次時間充裕一點，再來好好跟您請教好嗎？對了！我的奶奶要生了，我不得不趕快回去一趟。」這時候你用什麼理由離開，對方都會開心，並能夠被體諒。

想要更深一層建立人脈的連結，需要架構在觀點與感受上，所以勢必須要付出時間；但卻又不能孤注一擲的在某一個人身上投入所有的時間，那麼該怎麼辦呢？懂得切入、深入之後，還要懂得退出，也就是懂得優雅退場。

破局變現 業務王 必懂的事

「五條思路＋一道私房菜」幫助優雅的金蟬脫殼。

思路一：最誠實的方法；思路二：我要撤了，是我的錯，不是你的錯；思路三：兩杯酒法；思路四：假裝緊急；思路五：將他托付給別人；外加一道私房菜：「預約電話」。

變現 07

好印象，只有一次機會

你身邊有沒有這樣「飛黃騰達」的故事呢？肯定有對嗎？過去看似不起眼的小角色，多年之後已經在事業疆土上擁有自己的一片天。當然所有的成功，背後都有艱辛的努力與蛻變，但這不是重點，重點是切莫錯過因為同學的這層關係，為他創造認識重要人脈的機會。

川卜：「真的是你耶！將近二十年沒見了，現在比較穩重囉。」

正恩：「你真會說話，明明就比較胖了，你還說我穩重！」

川卜：「不重則不威呀！」

正恩：「謝謝啦！對了，你現在在哪裡高就？」

川卜：「喔！我現在在保險公司上班！」

正恩：「做保險喔，我以前也做過一段時間。你現在做的怎麼樣？」

糾偏機制，避免錯失重要人脈

陌生的商業聚會上，川卜遠遠看到一個人，好像自己大學同學，走近一看，真的是一起讀大學的同學正恩，川卜立刻與他打招呼。

聽到有過相同經歷，川卜開始把自己奮鬥十多年的保險事業，驕傲的跟正恩分享。正恩也在旁邊頻頻點頭，等川卜從年輕說到現在，忽然意識到自己說得太久了，他想應該快點切換話語權了，於是換他問正恩說：「對！那你現在在哪裡高就呢？」

正恩：「沒有啦！我現在受派到大陸管理一些工人。」

川卜：「那你應該也發展得不錯吧！」

正恩：「只是有份工作做而已。」

兩人把話題拉回大學時期，過去點點滴滴讓彼此彷彿又回到青春歲月。

旁邊忽然有人說：「副總，我們差不多該走囉！」

正恩說：「嗯！你去把車開過來等我一下。」

川卜一聽，立刻說：「副總！什麼副總呀？」

正恩：「只是個職稱，不重要。不過我待會要趕飛機，下次再聊囉！」

才剛說完，川卜看正恩走到主辦人旁邊，由主辦人送他到門口坐車，態度感覺相當恭敬。

川卜立刻趨前向主辦人打聽，後來才知道，他已經是大陸某知名建設公司的高層副總，當他知道後心想：「哇！當年被我們欺負著玩的同學，現在那麼有成就。」

把握每一層關係，為自己創造認識重要人脈的機會。

你身邊有沒有這樣「飛黃騰達」的故事呢？肯定有對嗎？過去看似不起眼的小角色，多年之後已經在事業疆土上擁有自己的一片天。當然所有的成功，背後都有艱辛的努力與蛻變，但這不是重點，重點是川卜錯過因為同學的這層關係，為他創造認識重要人脈的機會。

因此，這裡要分享如何在首次見面時，讓對方對你留下更深刻的好印象。人的主觀印象是怎麼形成的呢？《給人好印象的秘訣》【註1】這本書談到無論是新朋友、新同事、潛在的客戶，還是未來的老闆，初次見面時，都會通過一些步驟對你形成印象。

【註1】
《給人好印象的秘訣》：本書由海蒂・格蘭特・海佛森（Heidi Grant Halvorson）所著，激勵型心理學家，哥倫比亞大學商學院動機科學研究中心副主任，協助企業等組織發展策略，受邀在《哈佛商業評論》、《赫芬頓郵報》、《富比士雜誌》、《快公司雜誌》、《今日心理學》等報刊撰文。

「首先，他們會依據你的外表、肢體動作、言語、地位等透露出來的信息，無意識、自動地對你形成一個初步印象。在這個階段，起主導作用的是觀察者的直覺、常識、個人經驗，以及各種假設、偏見。觀察者不會分析影響你行為的各種因素，所以往往產生的是一個有偏差、不準確的印象。」

那麼，既然有偏差或是不準確，是否就無法改變了嗎？事情並非如此，人會透過相處之後，透過「糾偏機制」【註2】來修正對一個人不準確的認知，但若是相處的時間不多，沒有必要的話，不易啟動糾偏機制，此刻對方對你的印象就會因此被建立，並儲存在大腦中。

善用故事、糗事、見識，翻轉人脈偏見

因此，商業聚會上，為什麼要一次就建立起好印象，因為之後很可能沒有機會再去修改這個人對你的印象或偏見了。

【註2】
糾偏機制：此機制是一個費時費力的過程，需要付出大量的精力分析影響行為發生的環境和背景，以便及時糾正失誤判斷。

那麼，又該準備什麼素材，怎麼聊天，才能讓人留下好的印象呢？我建議可以準備「故事、糗事、見識」三種聊天素材，並且針對遇到的晚輩、平輩、長輩，對照使用這三種方式。

> 說對故事，可讓對方更加的瞭解你，藉此吸引對方進一步想認識你。

・對晚輩說故事

相對於看起來比自己年輕的人，首次見面可以多說一點故事。

說故事的目的，是要讓對方更加的瞭解你，瞭解你的為人、你的目標，藉此吸引對方進一步想認識你。

也因為你的資歷比較豐富，較有資格分享成長、從業故事，若故事又能帶有啟發性，那麼對方也會因而受到激勵，有所收穫。

小練習

這裡分享一個戴愫老師設計的模板讓你參考，可以按此模板說故事。

(1) 職業故事的模板：

我是從事______。我做這個是因為______。這個工作有意思的是______。我感覺______。你是從事什麼的？

(2) 愛好類故事的模板：

我愛好______。我喜歡這個是因為______。這個愛好最吸引我的是______。我感覺______。你除了工作外，喜歡做什麼？

我拿第一個模板，簡單設計一下如何使用：

我從事講師的工作，我之所以做這個工作，是因為當講師必須不斷地進修，才不容易教錯、講錯，誤人子弟。

這份工作很有意思的地方，是可以將所學寫成文章，還可以設計成課程，與學員分享。

我覺得學員透過我的分享，產生正向的改變，令我覺得很有意義。對了！那你是做什麼的呢？

更深一層的人脈連結，必須架構在「觀點」與「感受」上，所以在說故事的最後，可以用這兩點來結束，也會讓對方效法你的作法，並與你分享他的觀點、感受。

・對平輩說糗事

剛剛川卜與正恩的案例，川卜為什麼會錯失與優質人脈進一步連結的機會呢？甚至連聯絡方式都沒有要到？正是因為川卜在心裡預期地位上，凌駕在正恩之上，於是就肆無忌憚地高談闊論起來。

“學會自嘲，當對方被你逗笑了，心防也將隨之卸下，你就能順利走進對方的心。”

那應該怎麼辦呢？正恩跟川卜算是平輩，多年不見，絕對可以聊職業、愛好之類的故事，不過若是要談豐功偉業，建議多讓對方講話。而且與其跟對方講自己的成就，不如講自己的糗事，更能拉近彼此距離。

以我為例，有一次回到營業單位跟過去的老朋友志堅經理見面，因為過去都曾經一起同甘苦過，聊起過去一起被經理罵，一起吃過有蟑螂蛋跟蟑螂腳的稀飯，兩個真是笑得死去活來。

分享自己的糗事，就是希望你學會自嘲，因為跟同輩高談闊論可能只有滿足自己的虛榮心，對於好印象的建立，幫助有限。不如說個糗事、自嘲，對方只要被你逗笑了，心防也隨之卸下，於是想要走進對方的心，在心中留下好印象也就不是難事了。

• 對長輩說見識

與人對話，不但要有專業的深度，更要有見識的廣度，能夠聊出什麼見識，也將決定對方對你有什麼評價。因此，建議與長輩的聊天素材，以談見識為主。

見識就是「明智地、正確地作出判斷及認識的能力」，或是像主見、看法、眼光、見地、見解等。

„ 有深度、有內涵的見識，將會立刻刷亮貴人的眼睛，快速引起共鳴。 „

當年晚清名臣曾國藩說他看一個人是否是個人才，由三點決定，就是看他的「學識、見識跟膽識」。

談自己學識多高，容易適得其反；膽識也不易當場發揮；唯一可在時間配比中關鍵勝出的就是見識。有深度、有內涵的見識，將會立刻刷亮貴人的眼睛，讓對方也有收穫、快速的引起共鳴。

舉個例子，有次我與一位資深經理聊天，他談到與團隊主管之間的溝通有障礙，我趁隙談了個人見解，我說：「內部溝通不良，就像是身體裡的血管阻塞，血液無法將養分輸送到全身。溝通不良就無法讓訊息流通，更無法讓好的知識透過內部溝通、分享而倍增。所以，讓所有主管學會溝通技巧很重要。」後來這個經理就請我設計了一個專為主管提升溝通技能的課程。

因此，若能在關鍵時刻說出有深度的見識，將增強對方對你的印象，並有機會為自己創造更多的「大人脈」！

破局變現 業務王 必懂的事

對於陌生人的印象，會由行為、舉止、談吐等來形成，一旦形成則不易抹滅，所以建議第一次就能樹立好印象。

面對不同年齡層的新朋友，談論的素材也將不同。面對晚輩可以談故事，例如從業故事、愛好類故事；面對平輩可以多談一些糗事，說豐功偉業容易樹敵、不易靠近，不如說個自嘲的糗事，更加真實也充滿自信；面對長輩，則需談出有深度的見識，較能順利獲得拔擢的契機。

用對的辦法，讓人脈延展

人脈分成五種類型，分別是——私交、顧客、準顧客、合作夥伴、渴望認識的人。分類之後，接著就是把弱關係變成強關係，關係的深化，則取決於你與他之間的長度、頻度和深度。

正恩：「昨天我看到你帶一位醫生客戶來聽講座，是文哲診所的那位牙醫嗎？」

川卜：「是呀！」

正恩：「真的呀！他也是我的客戶耶，我約他都不來，為什麼你約他就來呢？」

川卜：「可能是我跟他比較有緣吧！」

你說：「也是啦！有些客戶，就是跟自己比較沒緣，沒有話聊，當然就沒有訴求新契約啦！」

真的是這樣嗎？用緣分來交朋友或許可以，但是要深化與朋友的關係，單靠緣分那怎麼可以。

管理人脈，讓對方永遠記得你

《別獨自用餐》的作者凱斯．法拉奇（Keith Ferrazzi）【註】提出將人脈進行「分類聯繫法」，就是一個不錯的方法。

他將人脈分成五種類型，分別是——私交、顧客、準顧客、合作夥伴、渴望認識的人。

- 私交：就是好朋友跟熟人，因為交情好，平常就在聯繫了，所以不用特別聯絡。
- 顧客、準顧客、合作夥伴：需要常聯繫。
- 渴望認識的人：必須想辦法主動聯繫。

從長度、頻度、深度著手，才能把弱關係變成強關係。

分類之後，接著就是把弱關係變成強關係，又該怎麼做呢？關係的深化，取決於你與他之間的長度、頻度和深度。

【註】
凱斯．法拉奇（Keith Ferrazzi）：社交大師，法拉利綠訊行銷諮詢顧問公司（Ferrazzi Greenlight）的創辦人兼執行長，曾被《商業雜誌》評論為「四十位四十歲以下商界精英之一」。

•長度：指的是你們認識的時間，時間愈久，對方就愈能確定你的人格、專長、定位。隨著與你的交流，對方也會評判出是否與你成為深交或是點頭之交。

•頻度：指的是你們彼此互動的次數。人脈的經營，首重利他與幫助，只要每次互動的時候，都能給予某個程度的幫助，對方也會想藉機會給予回報幫助的。

•深度：指的是你們可以聊多深的內心話。若是對方願意與你分享許多私事，甚至是糗事、傷心事，那就代表獲取夠多對方的信任，對方才會這麼做。

人脈分類之後，在這些類別上進行一、二、三的標記。並進行長度、頻度、深度的聯繫。

•標記一：代表每個月要聯繫一次，他應該是你的重要夥伴，這樣做，是要確保每個月都能出現在他的人際網絡中。

•標記二：每一季至少要聯繫一次，瞭解一下他們的人脈更新了哪些人，有沒有什麼機會可以幫助他們。這些人通常是你比較熟悉的人，只是短時間內沒有什麼合作機會，所以通過保持聯繫來瞭解近況。

•標記三：就是跟你不太熟，要加強關係的人。這些人至少每年要聯繫一次，因為不太熟，太過頻繁聯繫並不適合。聯繫方式可以用賀卡、郵件讓對方知道你還關心對方，需要你的服務時，讓他依然會想起你。

分享、支持、推薦，建立人脈網絡

以上是我結合法拉奇先生與其他人脈達人，歸納出來的分類管理方法。當然也可以利用現在許多人脈管理工具，幫助管理人脈。緊接著在深度上，我再提供三點專家建議，讓你與重要人脈關係，能夠更上一層樓。

這三點分別是——分享、支持、推薦。

> 推薦好人脈就像練肌肉，愈推薦，彼此的鏈結就越強韌！

- **分享：比閨蜜還親密**

與好朋友聊什麼可以深化關係呢？你有聽過「閨蜜」這個名詞嗎？可以一起哭、一起笑，一起罵上司、一起出謀劃策的設陷阱騙男友，這都是關係夠深，才能聊的話題。

就是你跟對方之間的秘密，才顯得你們非比尋常的關係。所以一段時間沒見，是可以分享一些小秘密，讓對方走進你更深層的內心，分享小秘密就像邀請對方到你的房間，能夠無話不談一樣。

- **支持：有力就越有價值**

一次有力的支持，會迅速提升你在朋友心中的價值。

別人向你求助，但你實在幫不上忙，那麼可以在自己的人脈圈裡，挑出五個可能有答案的朋友，幫他問一下。要不然，可以提供這兩類的支持。

◇第一類：策略支持。尋求可供幫助的答案，提供自己的建議。

◇第二類：資訊支持，幫他在自己的人脈圈問一下，或是提供方向。

・推薦：擴大人際網路

有機會就給予推薦、介紹，就能讓這樣形成的人脈網路產生更大的力量。舉例來說，你有四個好朋友，但這四個人彼此都不認識，這種關係就是單向點對點的人脈關係。

若你可以介紹讓這四個人互相認識，那麼這樣的點對點直線關係，就會發展成點、線、面的人脈網絡，彼此互通訊息，尋找互利、合作的機會，進而擴大了人脈網絡的價值。即使某一條線斷掉了，還可以透過另外四條線來進行聯繫。

的確如此，例如我看完好朋友黃世芳經理的新書《資本主義的罪惡咖啡館：咖啡館裡的書摘與管理哲思》，立刻推薦給我「每天五分鐘」近一萬個業務員，藉由閱讀實戰的好書，讓更多好友受惠。

”將點對點直線關係，發展成點、線、面的人脈網絡，彼此互通訊息，尋找互利、合作的機會，進而擴大了人脈網絡的價值。”

法拉奇說，透過介紹、推薦，可以把一個人的難題，變成了許多人的機會，這就是人脈網絡的力量，運用簡單有效的方法，就能管理與深化你與朋友的關係。

在此也要特別提醒，不斷的更新更優質的人脈，也是確保推薦介紹的品質，不然你很熱心的介紹，卻因為被介紹者的能力、品質不佳，反而砸了自己的招牌，這可就適得其反了。

破局變現 業務王 必懂的事

法拉奇說：「人脈關係就像肌肉，你越使用它，它就會愈強壯。」我認同，因為A透過了你的介紹，認識了B，而A所擁有的資源，剛好可以解決B的問題，等於強化三者的人脈圈。未來當A、B需要幫忙的時候，自然就會更想找你來推薦好人脈。

所以推薦好人脈就像練肌肉，愈推薦，你自己的人脈也會愈好。

國家圖書館出版品預行編目 (CIP) 資料

90% 客戶都點頭的 5 分鐘上手圈粉攻略 / 黃國華作 .
-- 第一版 . -- 臺北市 : 博思智庫 , 民 108.01 面 ; 公分
ISBN 978-986-97085-2-4(平裝)
1. 銷售 2. 職場成功法

496.5 107022359

GOAL 27

90%客戶都點頭的 5 分鐘上手圈粉攻略

作　　者 | 黃國華
主　　編 | 吳翔逸
執行編輯 | 陳映羽
專案編輯 | 胡　梭、千　樊
設計主任 | 蔡雅芬

發 行 人 | 黃輝煌
社　　長 | 蕭艷秋
財務顧問 | 蕭聰傑
出 版 者 | 博思智庫股份有限公司
地　　址 | 104 台北市中山區松江路 206 號 14 樓之 4
電　　話 | (02) 25623277
傳　　真 | (02) 25632892

總 代 理 | 聯合發行股份有限公司
電　　話 | (02)29178022
傳　　真 | (02)29156275

印　　製 | 永光彩色印刷股份有限公司
定　　價 | 300 元
第一版第一刷　中華民國 108 年 01 月

ISBN 978-986-97085-2-4

博思智庫股份有限公司
博思智庫粉絲團　Facebook.com/broadthinktank